Can
Arithmetik der Schaltalgebra

Yavuz Can

Arithmetik der Schaltalgebra

Ein interdisziplinäres Lehrbuch

HANSER

Über den Autor:
Dr. Yavuz Can lehrt zusätzlich semesterweise an unterschiedlichen Hochschulen in Deutschland, zusätzlich bietet er mit seinem Unternehmen ExposureOne verschiedene Dienstleistungen im Bereich des Data- und Prozessmanagements an.
Aus Gründen der besseren Lesbarkeit wird auf die gleichzeitige Verwendung der Sprachformen männlich, weiblich und divers (m/w/d) verzichtet. Sämtliche Personenbezeichnungen gelten gleichermaßen für alle Geschlechter.

Print-ISBN: 978-3-446-48247-0
E-Book-ISBN: 978-3-446-48295-1

Bibliografische Information der Deutschen Nationalbibliothek:
Die Deutsche Nationalbibliothek verzeichnet diese Publikation in der Deutschen Nationalbibliografie; detaillierte bibliografische Daten sind im Internet unter http://dnb.d-nb.de abrufbar.

Vilshofener Straße 10 | 81679 München | info@hanser.de
www.hanser-fachbuch.de
Lektorat: Frank Katzenmayer
Coverkonzept: Marc Müller-Bremer, www.rebranding.de, München
Covergestaltung: Tom West
Titelmotiv: © Thomas West / Firefly-GenAI
Satz: Yavuz Can
Druck: CPI Books GmbH, Leck
Printed in Germany

Meiner Tochter ELIF gewidmet

Vorwort

Die Boolesche Algebra beinhaltet die Schaltalgebra, jedoch beinhaltet die Schaltalgebra nicht die Boolesche Algebra. Daher sah ich hier die Notwendigkeit, ein Buch zu verfassen, in dem zum ersten Mal die Schaltalgebra arithmetisch behandelt wird. Dabei werden die Grundoperationsarten wie Verunden, Verodern, Negieren und Differenzbildung in Abhängigkeit der Basisformen mathematisch mithilfe von Beispielen und unterstützenden Abbildungen ausführlich erklärt. Damit soll für unterschiedliche Disziplinen, wie z.B. Informatik, Elektrotechnik und auch der Mathematik, eine gemeinsame Literatur zur Verfügung gestellt werden. Darüber hinaus wird damit bezweckt, Begriffe aus der Schaltalgebra, die von unterschiedlichen Disziplinen unterschiedlich bezeichnet werden, auf eine gemeinsame einheitliche Begriffsnutzung hinzuführen.

Hinzu kommt die Vorstellung von sechs Basisformen der Schaltalgebra. Dabei werden auch Methoden zum Resolvieren von Funktionen in Abhängigkeit von ihrer Form vermittelt. Daneben wird der Schwerpunkt des Buches auch auf die neue Verknüpfungstechnik der orthogonalisierenden Differenzbildung gelegt. Mit ihrem Einsatz wird die klassische Problematik der Orthogonalisierung aus der Booleschen Algebra gelöst. Zuletzt liegt eine weitere Besonderheit darin, dass einzelne Gleichungen entweder innerhalb der Kapitel oder im Anhang mithilfe von mathematischen Beweisen auf ihre Allgemeingültigkeit bewiesen werden. Die aufgeführten mathematischen Gleichungen werden größtenteils auch mit Beispielen erläutert. Dabei kommen auch Abbildungen wie das Karnaugh-Veitch-Diagramm zum besseren Verständnis als unterstützende Visualisierungswerkzeuge zum Einsatz.

Das Lehrbuch richtet sich auch an diejenigen, deren Anwendungen z.B. in der Digitaltechnik, der Zuverlässigkeitsanalyse, der Kryptologie, der Spieltheorie u.a. liegen. Es ermöglicht, aus den aufgeführten Gleichungen gleichwertige Algorithmen in jeder Programmiersprache zu implementieren und dadurch gewisse Boolesche Handlungen rechnertechnisch zu behandeln.

Darüber hinaus bin ich davon überzeugt, dass im Bereich der Schaltalgebra noch weitere neue Gleichungen entwickelt werden können. Denn ich bin der Meinung, dass in diesem Themenfeld die Untersuchung der Grundlagen noch nicht vollendet ist und hier noch Potential besteht, mathematisch vorzudringen.

Meine Absicht besteht zusätzlich auch darin, dem Leser einen unkomplizierten Eintritt in die Welt der schaltalgebraischen Arithmetik zu verschaffen und dabei eine einfache zu verstehende Beschreibung der Thematik zu liefern.

Danksagung

Lob gebührt dem Allwissenden, der uns die Möglichkeit gibt, neues Wissen und Erkenntnis generieren zu dürfen, dem ich für die mir gegebene Kraft und das Durchhaltevermögen, derer ich bedurfte, um dieses Schriftwerk verfassen zu dürfen, danke.

An dieser Stelle möchte ich mich auch bei Herrn Prof. Dieter Bochmann (*https://de.wikipedia.org/wiki/Dieter_Bochmann*) bedanken, der mich in seinen E-Mails motiviert und mir einige seltene Schriften zur Booleschen Thematik aus seiner privaten Sammlung zugesandt hat.

Dr. Yavuz Can im Juni 2024

Inhalt

TEIL I

Theoretische Grundlagen

1 Algebraische Strukturen

1.1 Was ist eine Menge?

Unter einer Menge ist die Zusammenfassung unterschiedlicher Objekte, die Elemente genannt werden, zu verstehen. Dabei geht es um die Fragestellung, welche Elemente in einer Menge enthalten sind. Eine Menge ohne Elemente bzw. ohne Inhalt wird als **leere** Menge bezeichnet. Neben den aufzählenden Formen einer Menge, wie z.B. $\mathbb{M}_1 = \{1,2,3,\ldots,9\}$ gibt es auch die beschreibende Form, wie z.B. $\mathbb{M} = \{x \mid x \text{ ist Ziffer im Monat}\}$.

Die elementaren Zahlenmengen beinhalten eine fest definierte Menge an Zahlen und sind aufeinander aufbauend, d.h. dass jede Zahlenmenge in der nächstgrößeren Zahlenmenge vollkommen enthalten ist. Es gilt: $\mathbb{N} \subset \mathbb{Z} \subset \mathbb{Q} \subset \mathbb{R} \subset \mathbb{C}$. Die Abstufung einer Menge ist in folgenden Bereichen dargestellt (Bild 1.1).

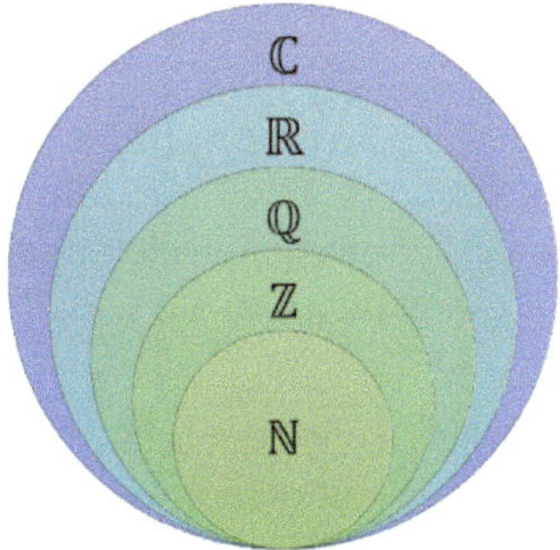

Bild 1.1 Zahlenmengen

Mit Verknüpfungen von Mengen (Tabelle 1.1) werden algebraische Strukturen aufgebaut, um mathematische Problemstellungen lösen zu können.

Tabelle 1.1 Klassifizierung der Zahlenmengen

Klassifizierung der Zahlenmengen	
Menge der natürlichen Zahlen $\mathbb{N}$:	$\mathbb{M} = \{1,2,3,\ldots,\infty\}$
Menge der ganzen Zahlen $\mathbb{Z}$:	$\mathbb{M} = \{-\infty,\ldots,-2,-1,0,1,2,\ldots,\infty\}$
Menge der rationalen Zahlen $\mathbb{Q}$:	Darstellung von Brüchen, die im Nenner und im Zähler ganze Zahlen enthalten.
Menge der reellen Zahlen $\mathbb{R}$:	umfasst sowohl rationale als auch irrationale Zahlen, die nicht-periodische Dezimalbrüche mit unendlichen vielen Nachkommastellen sind.
Menge der komplexen Zahlen $\mathbb{C}$:	umfasst alle Zahlen der Form $a+b\cdot i$, wobei $a,b \in \mathbb{R}$ und i eine imaginäre Zahl ist, für die $i^2 = -1$ gilt.

1.2 Verknüpfungsgebilde

Definition 1.1. (Verknüpfungsgebilde VG)
Ein Verknüpfungsgebilde ist eine nicht leere Menge $\mathbb{M}$ mit einer auf ihr definierten Verknüpfung ($\circ$ oder $*$). Durch eine Verknüpfung $\circ$ auf die Menge $\mathbb{M}$ wird jedem geordneten Paar $(a,b) \in \mathbb{M} \times \mathbb{M}$ ein Element $a \circ b \in \mathbb{M}$ zugeordnet. ■

Dazu wird direkt ein Beispiel gegeben, um die Definition zu erläutern. Man betrachte die Menge der natürlichen Zahlen $\mathbb{N} = \{1,2,3,\ldots,\infty\}$ und nehme dazu die Verknüpfung der Addition (+). Dabei wird überprüft, ob ein Verknüpfungsgebilde bei dieser Konstellation vorliegt. Dazu die folgenden Beispiele:

$$1+2=3 \quad \checkmark\,(\text{ok})$$
$$2+3=5 \quad \checkmark\,(\text{ok})$$

Aus den Beispielen heraus ist zu entnehmen, dass die Verknüpfung der Elemente wieder zu einem Element aus derselbigen Menge, hier $\mathbb{N}$, führt. Daher liegt hier ein Verknüpfungsgebilde vor, d.h $\mathbb{N}$ verknüpft mit der Addition (+), also $(\mathbb{N},+)$.

Hätte man dagegen die Verknüpfung auf Division (:) gewählt, so wäre $(\mathbb{N},:)$ kein Verknüpfungsgebilde, da der Quotient zweier Elemente aus $\mathbb{N}$ nicht immer ein Element aus $\mathbb{N}$ als Resultat hervorbringt. Wenn kein Verknüpfungsgebilde vorliegt, so existiert auch keine Gruppe, sprich algebraische Struktur. Damit lässt sich allgemein ausdrücken, dass ein Verknüpfungsgebilde dann vorliegt, wenn durch die Verknüpfung der Elemente aus der vorliegenden Menge wieder ein Element resultiert, das dieser vorliegenden Menge zuzuordnen ist, wie z.B. $(\mathbb{N},+)$ oder $(\mathbb{N},\cdot)$. Diese Eigenschaft wird unter anderem auch als Abgeschlossenheit bezeichnet.

Im folgenden Unterkapitel werden unterschiedliche Eigenschaften von Verknüpfungsgebilden aufgeführt. In Abhängigkeit der Zuordnung dieser Eigenschaft eines Verknüpfungsgebildes ist es unter gewissen algebraischen Strukturen einzugliedern. Dazu aber in einem späteren Unterkapitel mehr.

1.2.1 Kommutativität

Hier soll die Frage beantwortet werden, wann ein Verknüpfungsgebilde kommutativ ist. Kommutativ ist ein VG, wenn (für alle) $\forall a, b \in \mathbb{M}$ gilt:

$$a \circ b = b \circ a, \tag{1.1}$$

dann heißt das VG $(\mathbb{M}, \circ)$ kommutatives Verknüpfungsgebilde. Das bedeutet, unabhängig von der Reihenfolge der Verknüpfung resultiert immer dasselbe Ergebnis daraus.

1.2.2 Assoziativität

Ein Verknüpfungsgebilde ist assoziativ, wenn $\forall a, b, c \in \mathbb{M}$ gilt:

$$(a \circ b) \circ c = a \circ (b \circ c), \tag{1.2}$$

dann heißt das VG $(\mathbb{M}, \circ)$ assoziatives Verknüpfungsgebilde. Das heißt, die Verknüpfung aus der Verknüpfung a und b mit c muss der Verknüpfung aus a und der Verknüpfung b und c entsprechen.

1.2.3 Distributivität

Ein Verknüpfungsgebilde $(\mathbb{M}, +, \circ)$ ist distributiv, wenn $\forall a, b, c \in \mathbb{M}$ mit zwei Verknüpfungen $+$ und $\circ$ gilt:

$$(a + b) \circ c = a \circ c + b \circ c \tag{1.3}$$

bzw.

$$a \circ (b + c) = a \circ b + a \circ c \tag{1.4}$$

1.2.4 Neutrales Element

Bei einem Verknüpfungsgebilde $(\mathbb{M}, \circ)$ ist $n \in M$ ein neutrales Element, wenn $\forall a \in \mathbb{M}$ gilt:

$$a \circ n = n \circ a = a \tag{1.5}$$

Die Verknüpfung eines Elements a mit dem neutralen Element ergibt wieder das Element. Damit hat ein neutrales Element keine Auswirkungen auf die Verknüpfung. Liegt das neutrale Element vor der Verknüpfungsoperation, dann wird es als linksneutral bezeichnet. Von rechtsneutral ist die Rede, wenn das neutrale Element nach der Verknüpfungsoperation notiert ist:

$$\begin{aligned} n \circ a &= a \quad \text{(linksneutral)} \\ a \circ n &= a \quad \text{(rechtsneutral)} \end{aligned} \tag{1.6}$$

1.2.5 Inverses Element

In einem Verknüpfungsgebilde $(\mathbb{M}, \circ)$ mit einem neutralen Element n heißt a' inverses Element von a, wenn gilt:

$$a \circ a' = a' \circ a = n \tag{1.7}$$

Die Verknüpfung eines Elements a mit dessen Inversen a' ergibt das neutrale Element.

1.3 Algebraische Struktur

Der allgemeine Begriff Algebra ist auch unter der Bezeichnung „algebraische Struktur" zu finden. Gewöhnlich ist eine algebraische Struktur eine nicht leere Menge $\mathbb{M}$, die mit Verknüpfungen $\circ$ mit Rechenregeln auf diese Menge versehen ist. Zur Untersuchung von unterschiedlichen mathematischen Problematiken müssen dabei Relationen und Operationen je nach Anwendungsgebiet bestimmt werden, welche für das Problem wesentliche Eigenschaften besitzen. Daher ist die Anzahl an algebraischen Strukturen groß. In Bild 1.2 sind die Eigenschaften von mehreren algebraischen Strukturen wie z.B. Gruppe, Ring, Körper zusammengefasst. Als Ausgangspunkte dienen eine Menge $\mathbb{M}$ und die in ihr definierte Verknüpfung.

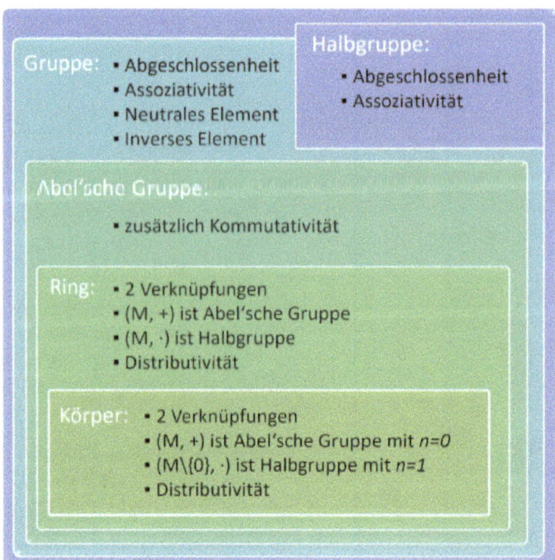

Bild 1.2 Unterteilung der algebraischen Strukturen

1.3.1 Gruppe

Eine algebraische Struktur $(\mathbb{M}, \circ)$ heißt Gruppe genau dann, wenn folgende Axiome erfüllt sind:

- wenn die Menge $\mathbb{M}$ bezüglich der Verknüpfung $\circ$ abgeschlossen ist, d.h. wenn die Verknüpfung zweier Elemente a, b aus dieser Menge $\mathbb{M}$ zu einem Element c führt, das auch aus dieser Menge M ist. Das heißt: $\forall a, b : \mathbb{M}, \quad \exists c : \mathbb{M}, \quad a \circ b = c$,
- wenn die Verknüpfung $\circ$ assoziativ ist,
- wenn in $\mathbb{M}$ bezüglich der Verknüpfung $\circ$ ein neutrales Element vorhanden ist,
- wenn es in $\mathbb{M}$ zu jedem Element ein inverses gibt.

1.3.2 Abel'sche Gruppe

Eine algebraische Struktur $(\mathbb{M}, \circ)$ wird als Abel'sche Gruppe bezeichnet, wenn zu den Axiomen der vorher benannten Gruppe noch die Eigenschaft der Kommutivität bezüglich der Verknüpfung hinzukommt.

1.3.3 Halbgruppe

Von einer Halbgruppe ist die Rede, wenn nur folgende Axiome erfüllt sind:

- Abgeschlossenheit,
- Assoziativität.

Jede Gruppe ist eine Halbgruppe, da die beiden Axiome unter der Definition von Gruppe bereits erfüllt werden.

1.3.4 Ring

Ein Ring $(\mathbb{R}, +, \cdot)$, der eine nicht leere Menge $\mathbb{R}$ mit zwei Verknüpfungen $+$ und $\cdot$ ist, liegt dann vor, wenn folgende Bedingungen erfüllt werden:

- wenn für $(\mathbb{R}, +)$ alle Axiome, die für eine Abel'sche Gruppe gelten, hier auch erfüllt sind,
- wenn für $(\mathbb{R}, \cdot)$ alle Axiome einer Halbgruppe erfüllt sind,
- wenn zusätzlich die Distributivität existiert.

1.3.5 Körper

Ein Körper $(\mathbb{K}, +, \cdot)$ ist eine algebraische Struktur einer Menge mit zweistelligen Verknüpfungen, wenn folgende Bedingungen erfüllt werden:

- wenn nur $(\mathbb{K}, +)$ eine Abel'sche Gruppe mit dem neutralen Element $n = 0$ ist,
- wenn nur $(\mathbb{K} \setminus \{0\}, \cdot)$ eine Abel'sche Gruppe mit dem neutralen Element $n = 1$ ist,
- wenn zusätzlich die Distributivität existiert.

1.4 Boolesche algebraische Struktur

Die Bildung einer algebraischen Struktur wurde bereits in dem Vorkapitel ausführlich erläutert, in dem die wichtigsten Eigenschaften gezeigt worden sind. Für die Analyse und Synthese binärer Systeme sind die algebraischen Strukturen des sogenannten Booleschen Verbands und Rings von Bedeutung.

1.4.1 Verband

Ein Verband $(\mathbb{B}, \wedge, \vee)$ liegt vor, wenn in einer Menge $\mathbb{B}$ zwei Verknüpfungen $\vee$ und $\wedge$ definiert sind, die folgende Eigenschaften, d.h. Verbandsaxiome, erfüllen:

- Kommutativität:

$$\begin{aligned} &\text{für } \wedge: && a \wedge b = b \wedge a \\ &\text{für } \vee: && a \vee b = b \vee a \end{aligned} \tag{1.8}$$

- Assoziativität:

$$\begin{aligned} &\text{für } \wedge: && (a \wedge b) \wedge c = a \wedge (b \wedge c) \\ &\text{für } \vee: && (a \vee b) \vee c = a \vee (b \vee c) \end{aligned} \tag{1.9}$$

- Absorption:

$$\begin{aligned} &\text{für } \wedge: && a \wedge (a \vee b) = a \\ &\text{für } \vee: && a \vee (a \wedge b) = a \end{aligned} \tag{1.10}$$

1.4.2 Halbgeordnete Menge

Mittels den Verknüpfungen $\vee$ und $\wedge$ lässt sich eine halbgeordnete Menge definieren, wenn die Menge $\mathbb{B}$ mit Relationen zwischen den Elementen a und b gegeben ist: $a\ R\ b$. Als Beispiel:

$$\begin{aligned} &\text{bei der Relation}: && a \leq b \quad \text{folgt} \\ &\text{für } \wedge: && a \wedge b = a \\ &\text{für } \vee: && a \vee b = b \end{aligned}$$

Damit besitzen alle Zweiermengen {a,b} ein Infinum und ein Supremum:

$$\begin{aligned} &\text{für } \wedge: && a \wedge b = inf\{a, b\} \\ &\text{für } \vee: && a \vee b = sub\{a, b\} \end{aligned} \tag{1.11}$$

Typisch für eine halbgeordnete Menge ist, dass nicht jedes Element mit jedem anderen Element vergleichbar ist.

1.4.3 Verband mit Null- und Einselement

Existieren in einem Verband das Minimum und das Maximum bezüglich der halbgeordneten Menge, so werden diese Elemente auch als Null- und Einselement des Verbandes bezeichnet. Ein Element $n \in \mathbb{B}$ heißt Nullelement , wenn es bezüglich der Verknüpfung $\vee$ neutral ist:

$$a \vee n = a \tag{1.12}$$

Dagegen ist ein Element als Einselement $e \in \mathbb{M}$ zu benennen, wenn es bezüglich der Verknüpfung $\wedge$ neutral ist:

$$a \wedge e = a \tag{1.13}$$

Im Binären ist das Nullelement $n = 0$ bezüglich der Verknüpfung $\vee$ und das Einselement $e = 1$ bezüglich der Verknüpfung $\wedge$.

1.4.4 Komplementärer Verband

Wenn zu jedem Element a des Verbandes eine Element $\bar{a}$ vorliegt, dann liegt ein komplementärer Verband vor. Damit gilt:

$$\begin{aligned} a \wedge \bar{a} &= n \\ a \vee \bar{a} &= e \end{aligned} \tag{1.14}$$

1.4.5 Distributiver Verband

Ein Verband $(\mathbb{M}, \wedge, \vee)$ ist distributiv, wenn $\forall a, b, c \in \mathbb{B}$ mit zwei Verknüpfungen $\wedge$ und $\vee$ gilt:

$$(a \vee b) \wedge c = (a \wedge c) \vee (b \wedge c) \tag{1.15}$$

oder

$$a \vee (b \wedge c) = (a \vee b) \wedge (a \vee c) \tag{1.16}$$

1.4.6 Boolescher Verband

Ein Boolescher Verband liegt vor, wenn alle erläuterten Eigenschaften erfüllt sind (siehe Bild 1.3). Somit ist ein Boolescher Verband ein komplementärer distributiver Verband mit $(\mathbb{B}, \wedge, \vee, ^{-}, e, n)$.

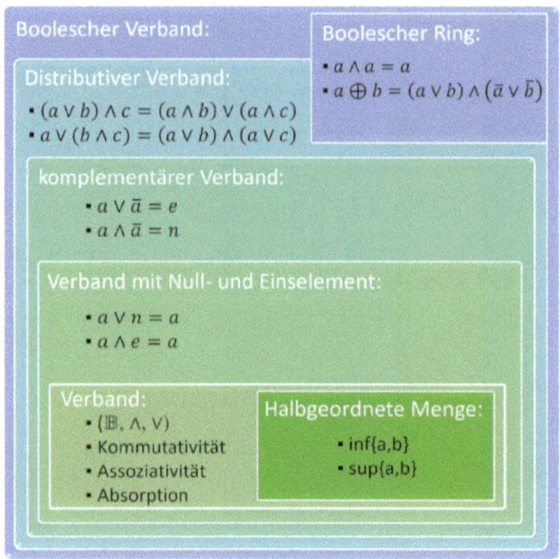

Bild 1.3 Unterteilung der Booleschen algebraischen Strukturen

1.4.7 Boolescher Ring

Durch ein Einführen zweier Verknüpfungen $\oplus$ und $\wedge$ erhält man aus dem Booleschen Verband einen Booleschen Ring $(\mathbb{B}, \oplus, \wedge, \bar{}\ , e, n)$. Ein Boolescher Ring liegt vor, wenn jedes Element idempotent ist, d.h. wenn die Verundung derselbigen Elemente wieder das Element selbst ergibt:

$$a \wedge a = a \tag{1.17}$$

Für die $\oplus$-Operation gilt:

$$a \oplus b = (a \wedge \bar{b}) \vee (\bar{a} \wedge b), \tag{1.18}$$

welche durch die folgenden Substitutionen der einzelnen Operationen aus dem Booleschen Verband geformt wird:

$$\begin{aligned} a \wedge b &= ab \\ a \vee b &= a \oplus b \oplus ab \\ \bar{a} &= 1 \oplus a \end{aligned} \tag{1.19}$$

2 Boolesche Algebren

2.1 Aufteilung der Booleschen Algebra

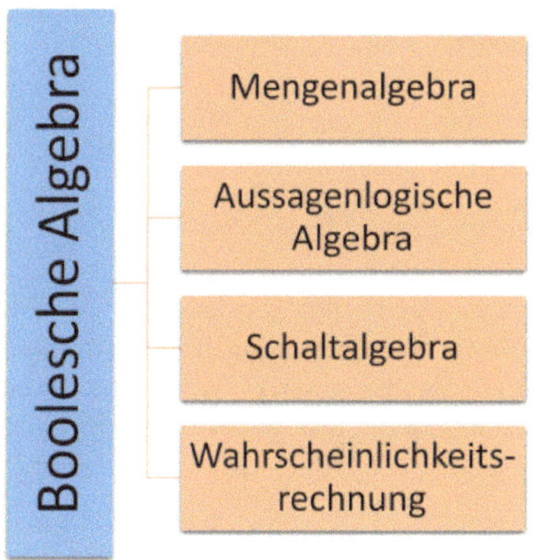

Bild 2.1 Spezielle Formen der Booleschen Algebra

Die Boolesche Algebra (BA) wird nach *Georg Boole (1815–1864)* benannt, der in seiner Schrift „*The Mathematical Analysis of Logic* " das erste algebraische Logikkalkül beschreibt und damit die moderne mathematisch Logik begründet. Um die Probleme der Philosophie und damit der zweiwertigen Aussagenlogik zu formalisieren und mit mathematischen Mitteln zu erläutern [Boo47], hat *Georg Boole* seine Boolesche Algebra entwickelt und axiomatisiert. Jahrzehnte später wurde die Boolesche Algebra auf die Technik der Schaltprobleme übertragen und dient seither als Grundlage für die heutige Schaltalgebra. Die Grundlagen der Booleschen Algebra werden als spezielle Formen in der Mengenlehre bzw. Mengenalgebra (MA) , Aussagenlogischen Algebra (AA) , Schaltalgebra (SA) und auch der Wahrscheinlichkeitsrechnung angewendet [Lip95, Web77, Whi69]. Zwischen den speziellen Formen herrscht eine isomorphe Beziehung. Zwei Strukturen sind isomorph zueinander, wenn sie die Eigenschaft der Homomorphie und der Bijektivität erfüllen. Mit homomorph wird die Eigenschaft bezeichnet, bei der alle Elemente einer Menge in eine

Tabelle 2.1 Gegenüberstellung der einzelnen Notationen

	BA	AA	MA	SA
neutrales Element der Veroderung	0	0	$\emptyset$	0
neutrales Element der Verundung	1	1	G	1
Vereinigung	$\perp$	$\vee$	$\cup$	$\vee$
Durchschnitt	$\top$	$\wedge$	$\cap$	$\wedge$
Komplement (Negation)	$\bar{}$	$\neg$	$C_m(B)$	$\bar{}$

andere Menge mit ähnlichem Strukturverhalten abgebildet werden. Mit bijektiv wird die Eigenschaft bezeichnet, bei der jedes Element einer Menge A in einer anderen Menge B genau einmal angetroffen wird und umgekehrt [PBH86]. Aufgrund der Isomorphie bleiben alle Gesetzmäßigkeiten innerhalb der einzelnen Bereiche erhalten. Die Eigenschaften der Assoziativität, Distributivität, Kommutativität, der Existenz eines neutralen Elements und eines inversen Elements sind uneingeschränkt übertragbar. Die wichtigsten Notationen der speziellen Formen sind in der Tabelle 2.1 gegenübergestellt. Weiter in die Grundlagen der Booleschen Algebra soll hier nicht mehr eingeführt werden.

2.2 Aussagenlogische Algebra

Bei der Definition von formalen Sachverhalten der digitalen Schaltungstechnik (hier kombinatorische Schaltungen) bedienen wir uns der Aussagenlogischen Algebra und der Mengenalgebra. Die Gesetze und Operationen der Mengenalgebra lassen sich aufgrund der Isomorphie auf die Aussagenlogische Algebra übertragen und umgekehrt [PBH86, Whi69] und weiterhin einfach in die Schaltalgebra übernehmen. Dazu folgt hier eine kurze Zusammenfassung der Aussagenlogischen Algebra.

Aussagen sind Grundbausteine der Aussagenlogik und formulieren Sachverhalte der objektiven Realität, denen genau ein Wahrheitswert zugeordnet wird. Im Falle der Übereinstimmung mit der objektiven Realität wird der Aussage der Wert w (wahr) und bei Nichtübereinstimmung f (falsch) zugewiesen. Weitere Werte sind nicht zugelassen. Auch können die Werte mit 1 für wahr und 0 für falsch bezeichnet werden.

Tabelle 2.2 Übersicht der logischen Operationen

logische Operation	Formulierung	Symbol	Beispiel
Disjunktion	*oder*	$\vee$	$A_1 \vee A_2$
Konjunktion	*und*	$\wedge$	$A_1 \wedge A_2$
Negation	*nicht*	$\neg, -$	$\bar{A}_1$
Äquivalenz	*… genau dann, wenn …*	$\odot$	$A_1 \odot A_2 = \overline{A_1 A_2} \vee A_1 A_2$
Antivalenz	*entweder … oder …*	$\oplus$	$A_1 \oplus A_2 = \bar{A}_1 A_2 \vee A_1 \bar{A}_2$
Implikation	*wenn …, dann …*	$\rightarrow$	$A_1 \rightarrow A_2 = \bar{A}_1 \vee A_2$

Aussagen werden mit logischen Operationen verknüpft dargelegt, um den Sachverhalt formal beschreiben und anschließend analysieren zu können. Diesbezüglich werden im Folgenden die wichtigsten logischen Operationen mit zwei durch die Variablen A_1 und A_2 abgekürzten Aussagen in der Tabelle 2.2 aufgeführt. Diese werden in die Schaltalgebra übernommen. Die logischen Operationen bzw. Verbindungselemente werden als Junktoren bezeichnet. In der Tabelle 2.3 ist die zugehörige Wahrheitstabelle aufgestellt.

Tabelle 2.3 Wahrheitstabelle zu den jeweiligen Operationen

A_1	A_2	$\bar{A}_1$	$A_1 \wedge A_2$	$A_1 \vee A_2$	$A_1 \oplus A_2$	$A_1 \odot A_2$	$A_1 \rightarrow A_2$
0	0	1	0	0	0	1	1
0	1	1	0	1	1	0	1
1	0	0	0	1	1	0	0
1	1	0	1	1	0	1	1

2.3 Mengenalgebra

Auf Grund der Isomorphie werden Gesetzmäßigkeiten einer Algebra in die nächste gültige Algebra übertragen. Die Gesetzmäßigkeiten, welche in der Mengenalgebra gelten, sind auch in der Schaltalgebra gültig und lassen sich hier einfacher erläutern. Es herrscht eine Analogie zwischen den Grundgesetzen. Daher wird in diesem Abschnitt näher auf die einzelnen Axiome, Mengenoperationen und die damit verbundenen Gesetzmäßigkeiten der Mengenalgebra eingegangen. Mit der visuellen Unterstützung von Venn-Diagrammen [Lip95, NEBS96, Ric01, Whi69] werden die einzelnen Definitionen zum leichterem Verständnis reproduziert. Ein Venn-Diagramm beinhaltet ein Rechteck, welches die Universalmenge (Grundmenge) abbildet. Bestimmte Mengen werden durch Kreise innerhalb des Rechteckes gekennzeichnet. Jede Verknüpfung von Mengen (bzw. Kreisen) wird durch Schraffierungen bzw. farbiges Ausfüllen geeigneter Gebiete dargestellt.

2.3.1 Definitionen

2.3.1.1 Menge

Definition 2.1. (Menge)
Mit **Menge** wird eine zahlenmäßige meist unbestimmte Aussage über zusammen betrachtete ähnliche Objekte bezeichnet. ■

Georg Cantor (1845–1918) als der Begründer der Mengenlehre hat den Begriff der **Menge** wie folgt definiert [NEBS96]:

„Unter einer Menge verstehen wir jede Zusammenfassung von bestimmten wohl unterschiedenen Objekten unserer Anschauung oder unseres Denkens zu einem Ganzen."

2.3.1.2 Elemente

Definition 2.2. (Element)
Mit **Elemente** werden Objekte bezeichnet, die in einer Menge beinhaltet sind.

i) Elemente werden wie folgt angegeben:

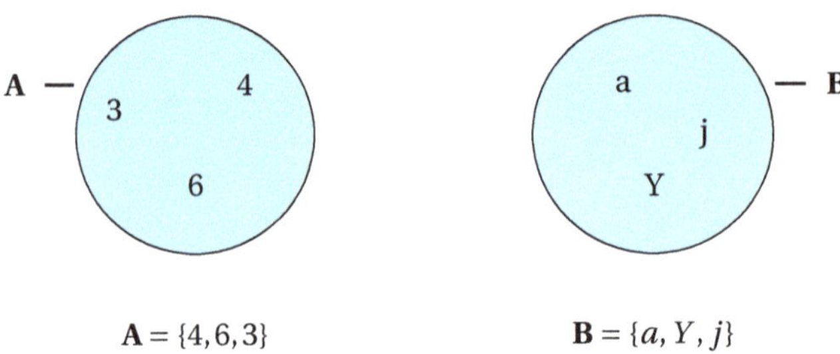

$\mathbf{A} = \{4, 6, 3\}$ $\mathbf{B} = \{a, Y, j\}$

Bild 2.2 Zwei verschiedene Mengen

ii) Die Angabe der charakteristischen Eigenschaften aller Elemente werden mit **Quantoren** angegeben (Tabelle 2.4) [Ric01]:

Tabelle 2.4 Quantoren

Notation	liest sich:
$\in$	... ist Element von ...
$\notin$	... ist kein Element von ...
| oder :	... für die gilt ...
$\forall$	für alle ... gilt
$\exists$	es existiert wenigstens ein ...
$\nexists$	es existiert kein ...

Folgende Beispiele zeigen die Anwendung der Quantoren:

$\mathbf{C} = \{r | r = a^3\}$: (**C** ist gleich der Menge aller r, mit der Eigenschaft $r = a^3$ oder für die gilt $r = a^3$)

$a \in \mathbf{B}$: a ist Element von der Menge **B**

$a \notin \mathbf{A}$: a ist kein Element von der Menge **A**

2.3.1.3 Tupel

Definition 2.3. (Tupel)
Als **Tupel** wird die geordnete Zusammenfassung von Elementen bezeichnet, wie z.B. der Vektor $\underline{x}$, welcher die Elemente x_1 bis x_n beinhaltet:

$$\underline{x} = (x_1, x_2, \ldots, x_{n-1}, x_n) \qquad \text{oder auch} \qquad \underline{x} = (x_n, x_{n-1}, \ldots, x_2, x_1).$$

Die Reihenfolge der Elemente darf sowohl von klein zu groß als auch umgekehrt gewählt werden.

2.3.2 Mengendefinitionen

2.3.2.1 Kardinalität

Definition 2.4. (Kardinalität)
Mit Kardinalität bzw. Mächtigkeit einer Menge $|\mathbf{A}|$ wird die Anzahl ihrer Elemente bezeichnet.

Beispiel 2.1. (Kardinalität der Menge $\mathbf{A}_1 = \{1,2\}$)
Die Kardinalität der Menge $\mathbf{A}_1$ ist 2, weil zwei Elemente beinhaltet sind.

$$\mathbf{A}_1 = \{1,2\} \rightarrow |\mathbf{A}_1| = 2$$

2.3.2.2 Leere Menge

Definition 2.5. (Leere Menge)
Die **Leere Menge** ist die Menge, welche keine Elemente beinhaltet. Die Leere Menge wird mit dem Symbol $\{\}$ bzw. $\emptyset$ notiert.

2.3.2.3 (Echte) Teilmenge

Definition 2.6. (Echte Teilmenge)
Von einer echten Teilmenge wird gesprochen, wenn **einige** Elemente einer Menge $\mathbf{B}$ in einer anderen Menge $\mathbf{A}$ enthalten sind (Bild 2.3), es gilt $\mathbf{B} \subset \mathbf{A}$.

Beispiel 2.2. (echte Teilmenge)
Die Menge $\mathbf{B} = \{a, X, 3\}$ ist eine echte Teilmenge der Menge $\mathbf{A} = \{4, 6, 3, X, 5, a\}$ wie in Bild 2.3 repräsentiert.

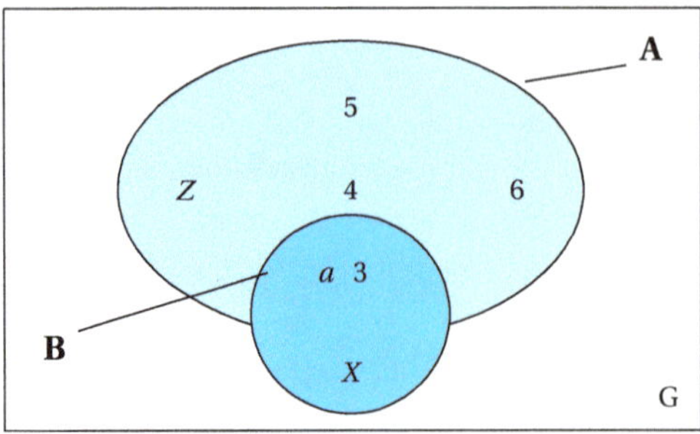

Bild 2.3 Echte Teilmenge

Dagegen ist die Rede von einer Teilmenge (Untermenge), wenn die Elemente einer Menge **B** in einer anderen Menge **A vollständig** beinhaltet sind. Die Menge **A** enthält alle Elemente von **B**, aber nicht umgekehrt (Bild 2.4).

Definition 2.7. (Teilmenge)
Wenn die Elemente einer Menge **B** in einer anderen Menge **A vollständig** beinhaltet sind (Bild 2.4), so ist **B** eine Teilmenge von **A**. Es gilt $\mathbf{B} \subseteq \mathbf{A}$. ■

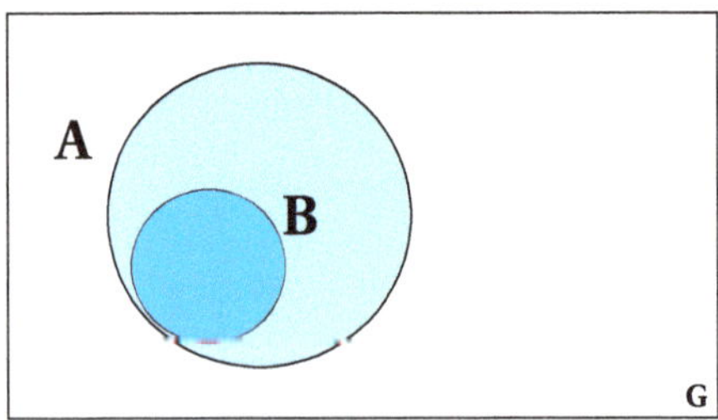

Bild 2.4 Teilmenge

Beispiel 2.3. (Teilmenge)
Die Menge $\mathbf{B} = \{a, X\}$ ist eine echte Teilmenge der Menge $\mathbf{A} = \{4, 6, 3, X, 5, a\}$.

2.3.2.4 Gleichheit von Mengen

Definition 2.8. (Gleichheit von Mengen)
Zwei Mengen **A** und **B** werden als **gleich** bezeichnet, wenn dieselben Elemente in beiden beinhaltet sind, d.h. wenn die Menge **A** eine Teilmenge von **B** ($\mathbf{A} \subseteq \mathbf{B}$) und die Menge **B** eine Teilmenge von **A** ist ($\mathbf{B} \subseteq \mathbf{A}$).

$$\mathbf{A} = \mathbf{B} \Leftrightarrow \{x \mid (x \in \mathbf{A}) \leftrightarrow (x \in \mathbf{B})\} \tag{2.1}$$
■

Beispiel 2.4. (Gleichheit von Mengen)
Zwei Mengen, welche dieselben Elemente unabhängig von ihrer unterschiedlichen Rei-

henfolge beinhalten, sind gleich.

$$\mathbf{A}_1 = \mathbf{B}_1 \quad \begin{cases} \mathbf{A}_1 = \{3,1,5\} \\ \mathbf{B}_1 = \{1,5,3\} \end{cases}$$

2.3.2.5 Potenzmenge

Definition 2.9. (Potenzmenge $\mathscr{P}(\mathbf{A})$)
Die Potenzmenge bestimmt die Menge aller Teilmengen einer Menge **A** und wird mit $\mathscr{P}(\mathbf{A})$ notiert.

Beispiel 2.5. (Potenzmenge einer Menge $\mathbf{A}_1$)
Für die Menge $\mathbf{A}_1 = \{1,2\}$ lautet die Potenzmenge:

$$\mathscr{P}(\mathbf{A}) = \{\emptyset, \{1\}, \{2\}, \{1,2\}\}$$

2.3.3 Mengenoperationen

Durch die Grundoperationen der Mengenalgebra, nämlich Vereinigung, Durchschnitt und Komplementbildung, werden aus gegebenen Mengen neue Mengen auf entsprechende Weise gebildet. Mithilfe dieser Grundoperationen können weitere Mengenoperationen wie die Differenzbildung, die symmetrische Differenz (Antivalenz), das Komplement der symmetrischen Differenz (Äquivalenz) abgeleitet und errechnet werden. Damit darf gesagt werden, dass alle weiteren Mengenoperationen immer auf der unterschiedlichen Kombination der Grundoperationen basieren.

2.3.3.1 Vereinigungsmenge

Definition 2.10. (Vereinigung zweier Mengen)
Die Vereinigung zweier Mengen $\mathbf{S}_1$ und $\mathbf{S}_2$ entspricht der Gesamtheit aller Elemente, die beide Mengen in sich tragen (Bild 2.5).

$$\mathbf{C}_2 = \mathbf{S}_1 \cup \mathbf{S}_2 := \{x | (x \in \mathbf{S}_1) \quad \text{oder} \quad (x \in S_2)\} = \{x | (x \in \mathbf{S}_1) \cup (x \in \mathbf{S}_2)\} \tag{2.2}$$

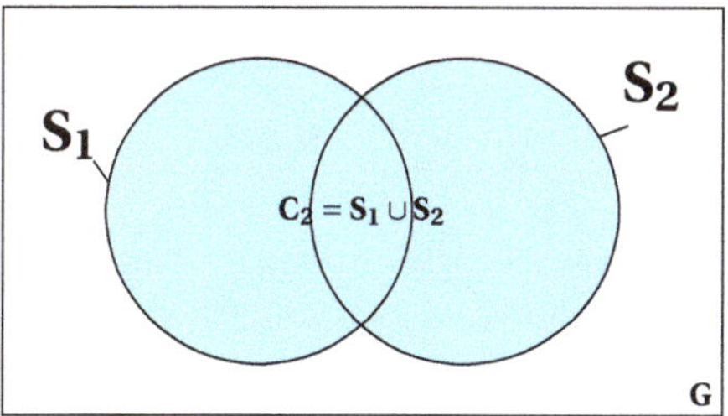

Bild 2.5 Vereinigungsmenge

Beispiel 2.6.
Gegeben sind zwei Mengen $\mathbf{A} = \{1,2\}$ und $\mathbf{B} = \{3,2\}$, deren Vereinigungsmenge gesucht ist.

$$\mathbf{A} \cup \mathbf{B} = \{1,2\} \cup \{3,2\} = \{1,2,3\}$$

Die Vereinigungsmenge besteht aus allen Elementen, die sowohl in der Menge $\mathbf{A}$ als auch in der Menge $\mathbf{B}$ beinhaltet sind.

2.3.3.2 Schnittmenge

Definition 2.11. (Schnittmenge zweier Mengen)
Die Schnittmenge zweier Mengen $\mathbf{A}$ und $\mathbf{B}$ ist die Menge aller Elemente, die gleichzeitig in beiden Mengen beinhaltet sind (Bild 2.6).

$$\mathbf{C} = \mathbf{A} \cap \mathbf{B} := \{x \mid (x \in \mathbf{A}) \quad \text{und} \quad (x \in \mathbf{B})\} = \{x \mid (x \in \mathbf{A}) \cap (x \in \mathbf{B})\} \tag{2.3}$$

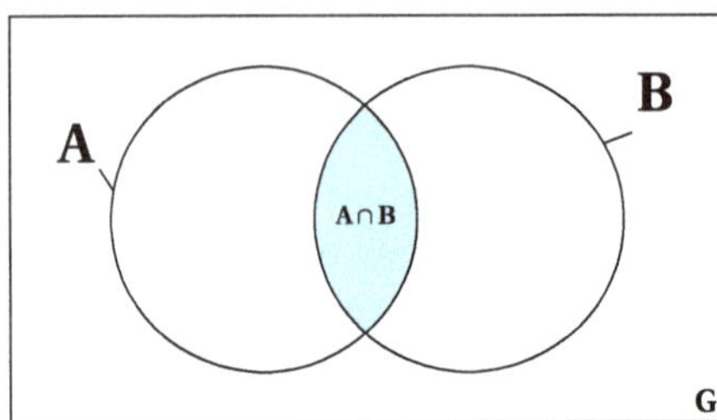

Bild 2.6 Schnittmenge

Beispiel 2.7.
Gegeben sind die Mengen $\mathbf{A} = \{1,2\}$ und $\mathbf{B} = \{3,2\}$, deren Schnittmenge zu ermitteln ist.

$$\mathbf{A} \cap \mathbf{B} = \{1,2\} \cap \{3,2\} = \{2\}$$

Die Schnittmenge besteht aus den Elementen, die in beiden Mengen gemeinsam beinhaltet sind.

Sind die beiden Mengen **A** und **B** disjunkt (elementfremd, auch als orthogonal bezeichnet) zueinander, so besitzen sie keinen gemeinsamen Berührungspunkt und somit auch keine gemeinsame Schnittmenge. Demnach ergibt ihre Schnittmenge die Leere Menge, weil kein Element existiert, welches zu beiden Mengen gehört (Bild 2.7).

Definition 2.12. (Schnittmenge bei disjunkten Mengen)
Wenn eine Menge $\mathbf{A}$ und eine Menge $\mathbf{B}$ bereits disjunkt zueinander sind, so ergibt ihre Schnittmenge die Leere Menge, wie in Bild 2.7 visualisiert.

$$\mathbf{A} \cap \mathbf{B} := \emptyset \tag{2.4}$$

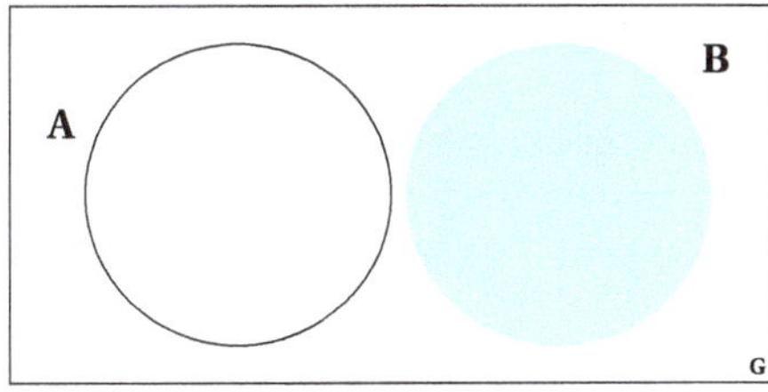

Bild 2.7 Disjunkte Mengen

Beispiel 2.8.
Gegeben sind die zueinander disjunkten Mengen $\mathbf{A} = \{1,2\}$ und $\mathbf{B} = \{3,4\}$, deren gemeinsame Schnittmenge zu ermitteln ist.

$$\mathbf{A} \cap \mathbf{B} = \{1,2\} \cap \{3,4\} = \emptyset$$

Da beide Mengen nicht ein gemeinsames Element beinhalten, ist das Resultat eine Leere Menge.

2.3.3.3 Komplement

Definition 2.13. (Komplement einer Mengen)
Das Komplement bzw. die Negierte einer Menge **A** (Bild 2.8) ist die Menge aller Elemente der Grundmenge **G**, die nicht zur Menge **A** gehören, d.h. $\bar{\mathbf{A}}$.

$$\bar{\mathbf{A}} = \mathbf{C}_m(\mathbf{A}) := \{x \mid (x \in \mathbf{G}) \text{ und } (x \notin \mathbf{A})\} := \{x \mid (x \in \mathbf{G}) \cap (x \notin \mathbf{A})\} = \mathbf{G} \cap \bar{\mathbf{A}} \quad (2.5)$$

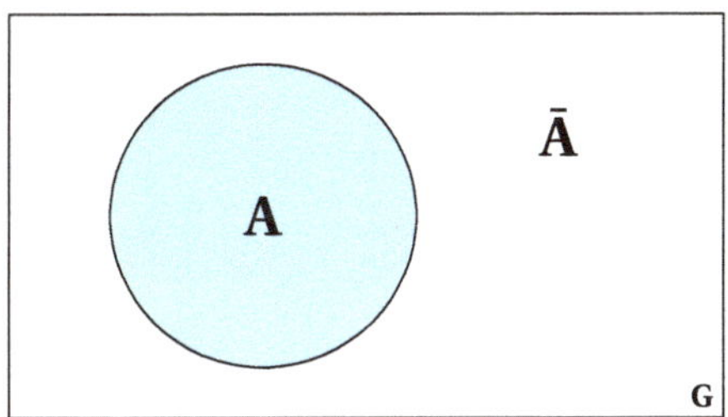

Bild 2.8 Komplementmenge

Die Umkehrung der Formel 2.5 führt wieder zur Universalmenge durch die Vereinigung der Menge **A** mit ihrem Komplement $\bar{\mathbf{A}}$. Daraus folgt: $\bar{\mathbf{A}} \cup \mathbf{A} = \mathbf{G}$.

Beispiel 2.9.
Gegeben sei die Universalmenge $\mathbf{G} = \{1,2,3,4,5\}$ und die Menge $\mathbf{A} = \{1,2\}$, deren Komplementmenge gesucht ist.

$$\overline{\mathbf{A}} = \{3,4,5\}$$

Das Komplement der Menge **A**, sprich $\overline{\mathbf{A}}$, beinhaltet nur die Elemente von **G**, die nicht in **A** enthalten sind.

2.3.4 Gesetzmäßigkeiten der Mengenalgebra

Beim Umgang mit Mengen lässt sich eine gewisse Systematik, basierend auf grundlegenden Beziehungen der Logik, erkennen, d.h. eine algebraische Struktur, die aus Operanden und Regeln gebildet wird. Folgende Gesetzmäßigkeiten sind für Mengenalgebra unter anderem gültig:

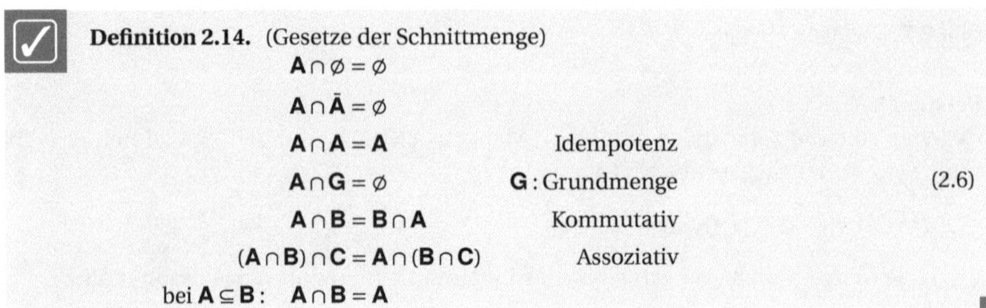

Definition 2.14. (Gesetze der Schnittmenge)

$$\begin{aligned}
\mathbf{A} \cap \emptyset &= \emptyset \\
\mathbf{A} \cap \bar{\mathbf{A}} &= \emptyset \\
\mathbf{A} \cap \mathbf{A} &= \mathbf{A} && \text{Idempotenz} \\
\mathbf{A} \cap \mathbf{G} &= \emptyset && \mathbf{G}:\text{Grundmenge} \\
\mathbf{A} \cap \mathbf{B} &= \mathbf{B} \cap \mathbf{A} && \text{Kommutativ} \\
(\mathbf{A} \cap \mathbf{B}) \cap \mathbf{C} &= \mathbf{A} \cap (\mathbf{B} \cap \mathbf{C}) && \text{Assoziativ} \\
\text{bei } \mathbf{A} \subseteq \mathbf{B}: \quad \mathbf{A} \cap \mathbf{B} &= \mathbf{A}
\end{aligned} \tag{2.6}$$

■

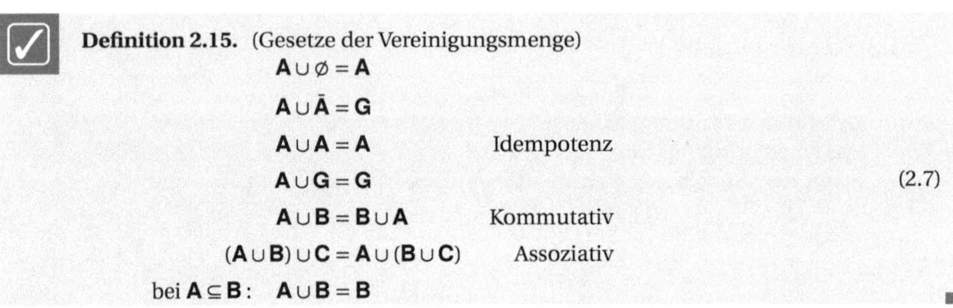

Definition 2.15. (Gesetze der Vereinigungsmenge)

$$\begin{aligned}
\mathbf{A} \cup \emptyset &= \mathbf{A} \\
\mathbf{A} \cup \bar{\mathbf{A}} &= \mathbf{G} \\
\mathbf{A} \cup \mathbf{A} &= \mathbf{A} && \text{Idempotenz} \\
\mathbf{A} \cup \mathbf{G} &= \mathbf{G} \\
\mathbf{A} \cup \mathbf{B} &= \mathbf{B} \cup \mathbf{A} && \text{Kommutativ} \\
(\mathbf{A} \cup \mathbf{B}) \cup \mathbf{C} &= \mathbf{A} \cup (\mathbf{B} \cup \mathbf{C}) && \text{Assoziativ} \\
\text{bei } \mathbf{A} \subseteq \mathbf{B}: \quad \mathbf{A} \cup \mathbf{B} &= \mathbf{B}
\end{aligned} \tag{2.7}$$

■

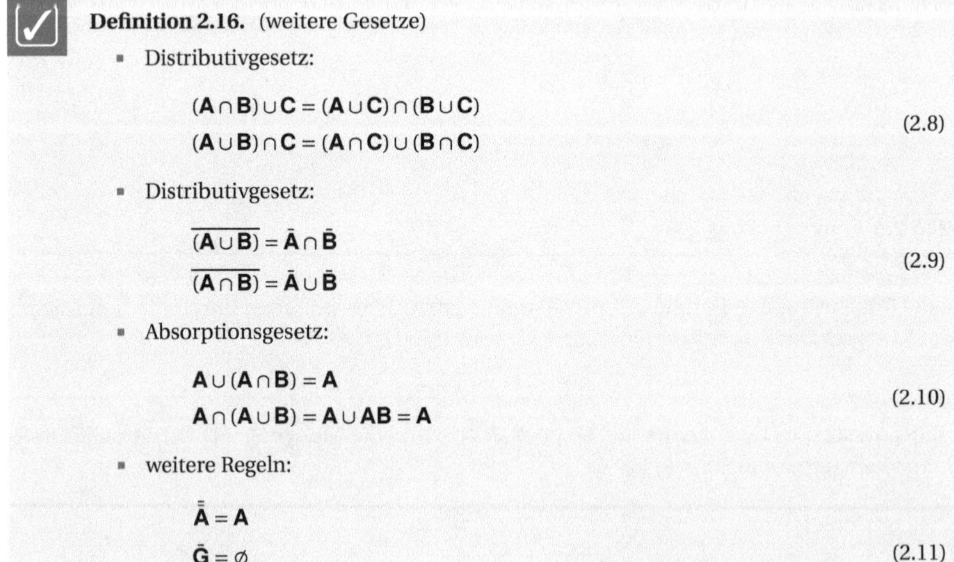

Definition 2.16. (weitere Gesetze)

- Distributivgesetz:

$$\begin{aligned}
(\mathbf{A} \cap \mathbf{B}) \cup \mathbf{C} &= (\mathbf{A} \cup \mathbf{C}) \cap (\mathbf{B} \cup \mathbf{C}) \\
(\mathbf{A} \cup \mathbf{B}) \cap \mathbf{C} &= (\mathbf{A} \cap \mathbf{C}) \cup (\mathbf{B} \cap \mathbf{C})
\end{aligned} \tag{2.8}$$

- Distributivgesetz:

$$\begin{aligned}
\overline{(\mathbf{A} \cup \mathbf{B})} &= \bar{\mathbf{A}} \cap \bar{\mathbf{B}} \\
\overline{(\mathbf{A} \cap \mathbf{B})} &= \bar{\mathbf{A}} \cup \bar{\mathbf{B}}
\end{aligned} \tag{2.9}$$

- Absorptionsgesetz:

$$\begin{aligned}
\mathbf{A} \cup (\mathbf{A} \cap \mathbf{B}) &= \mathbf{A} \\
\mathbf{A} \cap (\mathbf{A} \cup \mathbf{B}) &= \mathbf{A} \cup \mathbf{AB} = \mathbf{A}
\end{aligned} \tag{2.10}$$

- weitere Regeln:

$$\begin{aligned}
\bar{\bar{\mathbf{A}}} &= \mathbf{A} \\
\bar{\mathbf{G}} &= \emptyset \\
\bar{\emptyset} &= \mathbf{G}
\end{aligned} \tag{2.11}$$

■

2.3.5 Weitere Mengenoperationen

2.3.5.1 Differenzmenge

Definition 2.17. (Differenzmenge)
Lautet die Differenz zweier Mengen **M** \ **S**, die nicht disjunkt zu einander sind, so beinhaltet die Restmenge die Menge aller Elemente, die zu Menge **M** gehören, aber nicht zu Menge **S** (Bild 2.9). Es heißt **M** ohne **S**. Analog zu Arithmetik steht **M** für Minuend und **S** für Subtrahend.

$$\mathbf{C}_1 = \mathbf{M} \setminus \mathbf{S} := \{x \mid (x \in \mathbf{M}) \quad \text{und} \quad (x \notin \mathbf{S})\} = \{x \mid (x \in \mathbf{M}) \cap (x \notin \mathbf{S})\} = \mathbf{M} \cap \bar{\mathbf{S}} \tag{2.12}$$

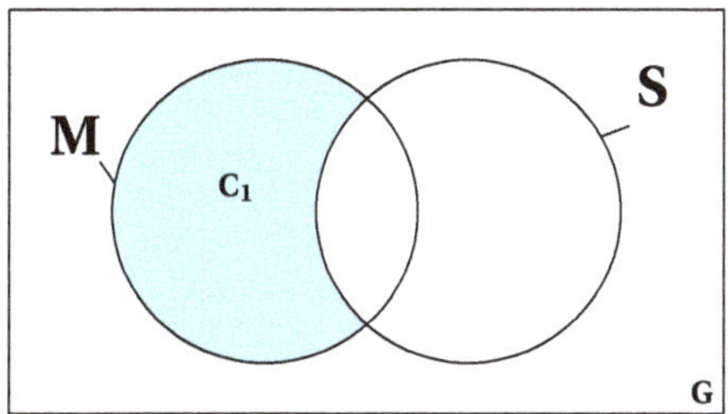

Bild 2.9 Differenzmenge

Beispiel 2.10.
Gegeben sei die Menge $\mathbf{M} = \{1,2,3\}$ und die Menge $\mathbf{S} = \{2\}$ innerhalb der Universalmenge $\mathbf{M} = \{1,2,3,4\}$. Ihre Differenzmenge ist zu bestimmen:

$$\mathbf{M} \setminus \mathbf{S} = \mathbf{M} \cap \bar{\mathbf{S}} = \{1,2,3\} \cap \{1,3,4\} = \{1,3\}.$$

Die Differenz der Menge **M** und der Menge **S** ergibt die Schnittmenge aus den Elementen, die sowohl in der Menge **M** als auch in der Komplementmenge $\bar{\mathbf{S}}$ vorhanden sind.

Im Nachfolgenden sind weitere Gesetzmäßigkeiten bezüglich der Mengenoperation der Differenz aufgeführt.

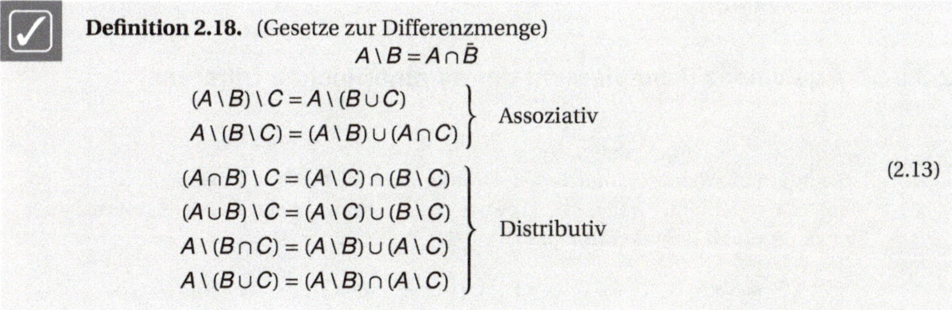

Definition 2.18. (Gesetze zur Differenzmenge)

$$A \setminus B = A \cap \bar{B}$$

$$\left.\begin{aligned} (A \setminus B) \setminus C &= A \setminus (B \cup C) \\ A \setminus (B \setminus C) &= (A \setminus B) \cup (A \cap C) \end{aligned}\right\} \text{Assoziativ}$$

$$\left.\begin{aligned} (A \cap B) \setminus C &= (A \setminus C) \cap (B \setminus C) \\ (A \cup B) \setminus C &= (A \setminus C) \cup (B \setminus C) \\ A \setminus (B \cap C) &= (A \setminus B) \cup (A \setminus C) \\ A \setminus (B \cup C) &= (A \setminus B) \cap (A \setminus C) \end{aligned}\right\} \text{Distributiv} \tag{2.13}$$

2.3.5.2 Antivalenz (symmetrische Differenz)

Definition 2.19. (Antivalenz)
Die symmetrische Differenz zweier Mengen $\mathbf{A}\Delta\mathbf{B}$ (Bild 2.10) entspricht der Menge aller Elemente, die in den Mengen **A** und **B** und zugleich außerhalb ihrer Schnittmenge liegen.

$$\begin{aligned}\mathbf{C} = \mathbf{A}\Delta\mathbf{B} &:= \{x | [(x \in \mathbf{A}) \cap (x \notin \mathbf{B})] \cup [(x \in \mathbf{B}) \cap (x \notin \mathbf{A})]\} \\ &:= (\mathbf{A} \cap \bar{\mathbf{B}}) \cup (\mathbf{B} \cap \bar{\mathbf{A}}) = (\mathbf{A} \setminus \mathbf{B}) \cup (\mathbf{B} \setminus \mathbf{A})\end{aligned} \tag{2.14}$$

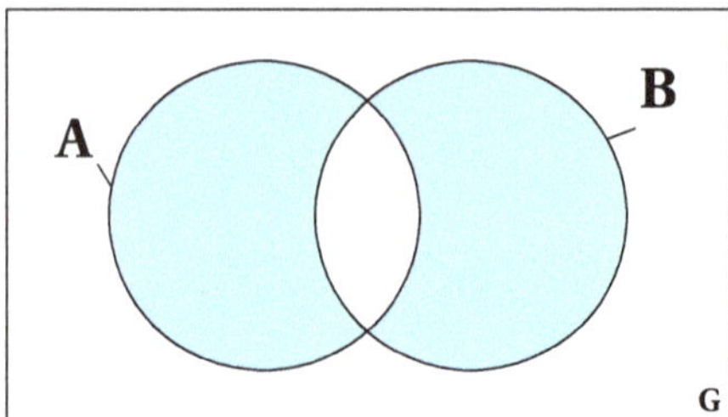

Bild 2.10 Antivalenz

Hierbei wird die Diskrepanz zwischen den Mengen ermittelt. Die symmetrische Differenz Δ wird in der Schaltalgebra als Antivalenz $\oplus$ bezeichnet.

Beispiel 2.11.
Gegeben seien die Mengen $\mathbf{A} = \{2,3\}$ und $\mathbf{B} = \{1,2,4\}$ innerhalb der Universalmenge $\mathbf{G} = \{1,2,3,4,5,6\}$. Die Antivalenzmenge zwischen beiden Mengen ist zu bestimmen.

$$\begin{aligned}\mathbf{A}\Delta\mathbf{B} = (\mathbf{A} \cap \bar{\mathbf{B}}) \cup (\mathbf{B} \cap \bar{\mathbf{A}}) &= (\{2,3\} \cap \{3,5,6\}) \cup (\{1,2,4\} \cap \{1,4,5,6\}) \\ &= \{3\} \cup \{1,4\} = \{1,3,4\}\end{aligned}$$

Die Antivalenzmenge besteht aus Elementen beider Mengen, die nicht in beiden Mengen gleichzeitig vorkommen.

2.3.5.3 Äquivalenz (Komplement der symmetrischen Differenz)

Definition 2.20. (Äquivalenz)
Das Komplement der symmetrischen Differenz zweier Mengen $\overline{\mathbf{A}\Delta\mathbf{B}}$ entspricht der Menge aller Elemente, welche sich sowohl in der Schnittmenge als auch außerhalb der Mengen **A** und **B** befinden (Bild 2.11).

$$\mathbf{C} = \overline{\mathbf{A}\Delta\mathbf{B}} := \{x | [(x \in \mathbf{A}) \cap (x \in \mathbf{B})] \cup [(x \notin \mathbf{A}) \cap (x \notin \mathbf{B})]\} = (\mathbf{A} \cap \mathbf{B}) \cup (\bar{\mathbf{A}} \cap \bar{\mathbf{B}}) \tag{2.15}$$

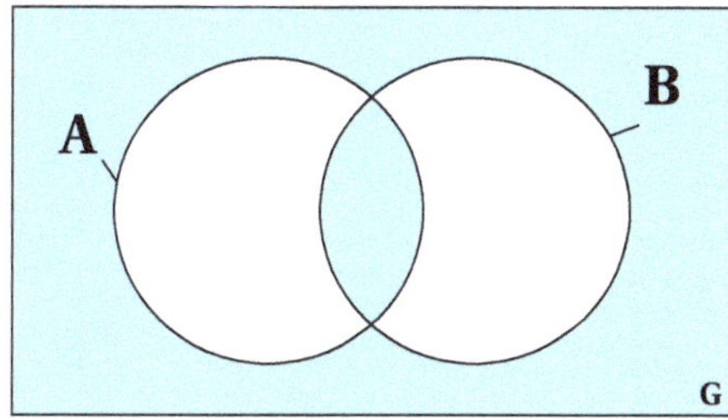

Bild 2.11 Äquivalenz

Das Komplement der symmetrischen Differenz $\overline{\Delta}$ wird in der Schaltalgebra als Äquivalenz $\odot$ bezeichnet.

Beispiel 2.12.
Gegeben seien die Mengen $\mathbf{A} = \{2,3\}$ und $\mathbf{B} = \{1,2,4\}$ innerhalb der Universalmenge $\mathbf{G} = \{1,2,3,4,5,6\}$. Die Äquivalenzmenge zwischen beiden Mengen ist zu bestimmen.

$$\begin{aligned}\overline{\mathbf{A}\Delta\mathbf{B}} = (\mathbf{A} \cap \mathbf{B}) \cup (\bar{\mathbf{A}} \cap \bar{\mathbf{B}}) &= (\{2,3\} \cap \{1,2,4\}) \cup (\{1,4,5,6\} \cap \{3,5,6\}) \\ &= \{2\} \cup \{5,6\} = \{2,5,6\}\end{aligned}$$

Die Äquivalenzmenge besteht aus Elementen, die zum einen in beiden Mengen gleichzeitig vorkommen und zusätzlich in der Universalmenge existieren und nicht in beiden Mengen vorkommen.

TEIL II

Schaltalgebra und schaltalgebraische Funktionen

3 Schaltalgebra

Basierend auf der Booleschen Algebra beschrieb der Mathematiker und Elektrotechniker *„C.E. Shannon (1916–2001)“* in seiner Arbeit *„A Symbolic Analysis of Relay and Switching Circuits“* [Sha38] die Möglichkeit der Realisierung und Konstruktion von digitalen Schaltkreisen. Damit gilt die Schaltalgebra als die mathematische Grundlage für logische Funktionen [Lip95]. Bei der Schaltalgebra, welche eine weitere Form der Betrachtung der Booleschen Algebra ist, gelten aufgrund der Isomorphie ebenfalls dieselben Gesetze und Regeln wie in der Aussagenlogischen Algebra und Mengenalgebra. In vielen Veröffentlichungen wird die Schaltalgebra auch als Boolesche Algebra bezeichnet. Umgekehrt wird in dieser Arbeit der Begriff „Schaltfunktion“ für den Begriff „Boolesche Funktion“ eingesetzt. Die Schaltalgebra dient als mathematisches Hilfsmittel zur Synthese und Analyse von Schaltnetzen und -werken. Im Folgenden werden die Grundregeln der Schaltalgebra erläutert.

3.1 Grundregeln der Schaltalgebra

In den Anfängen wurde die Schaltalgebra zur Berechnung von Relaisschaltungen entwickelt, wird jedoch heutzutage für Schaltnetze und -werke angewandt, d.h. für kombinatorische und sequentielle Schaltungen der Digitaltechnik. In Tabelle 3.1 sind alle wichtigen Axiome und Grundregeln der Schaltalgebra aufgelistet. Die Erläuterung vieler Regeln erfolgt jedoch durch einfache Relaisschaltungen. Da eine Variablensubstitution möglich ist, sind die Gleichungen auf beliebig viele Variablen erweiterbar.

Tabelle 3.1 Axiome und Grundregeln der Schaltalgebra

Operation	Schaltung	Bezeichnung
$x \vee 0 = x$	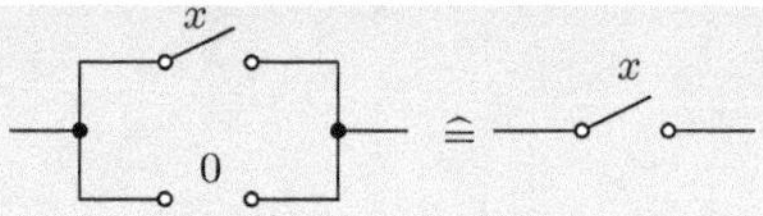 Parallelschaltung x, 0 $\widehat{=}$ x	Identität
$x \wedge 1 = x$	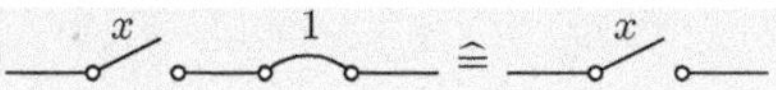 Reihenschaltung x, 1 $\widehat{=}$ x	Identität

Operation	Schaltung	Bezeichnung
$x \wedge 0 = 0$	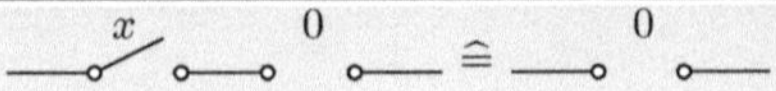	Null-Element
$x \vee 1 = 1$	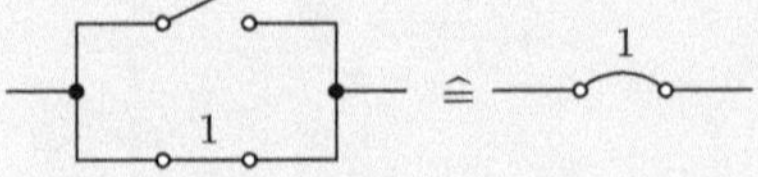	Eins-Element
$x \vee x = x$	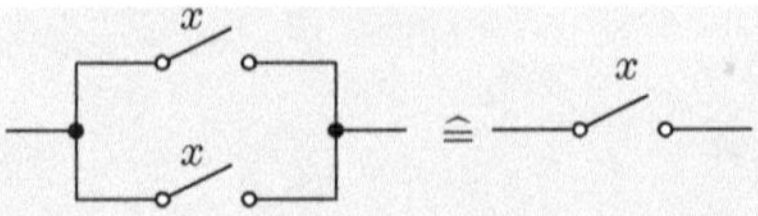	Idempotenz
$x \wedge x = x$	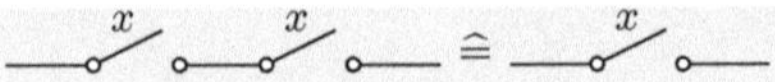	Idempotenz
$x \vee \bar{x} = 1$	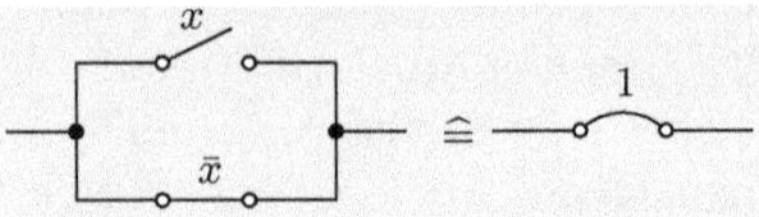	Komplement
$x \wedge \bar{x} = 0$	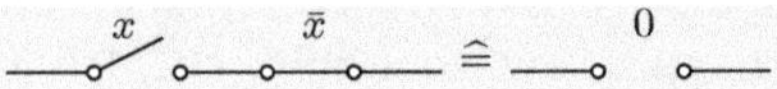	Komplement
$x \vee y = y \vee x$		Kommutativgesetz
$x \wedge y = y \wedge x$		Kommutativgesetz
$x \vee (x \wedge y) = x$	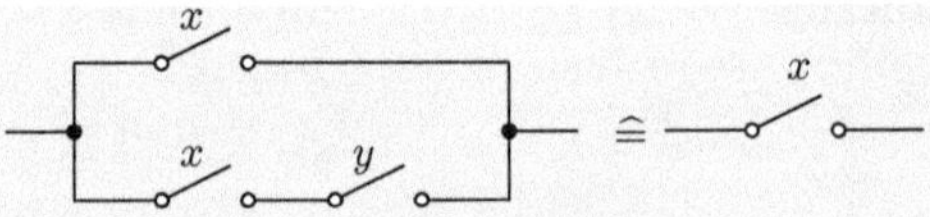	Absorptionsgesetz
$x \wedge (x \vee y) = x$	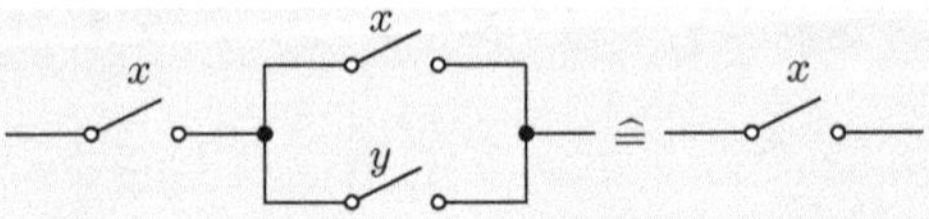	Absorptionsgesetz
$x \wedge (\bar{x} \vee y) = xy$	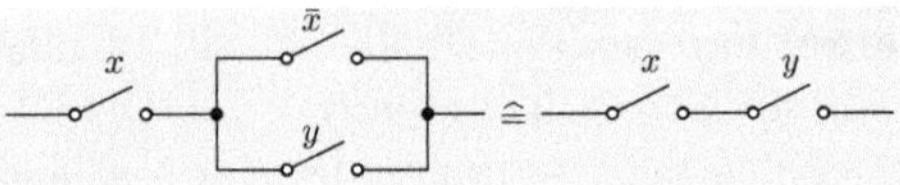	Absorptionsgesetz
$x \vee \bar{x}y = x \vee y$	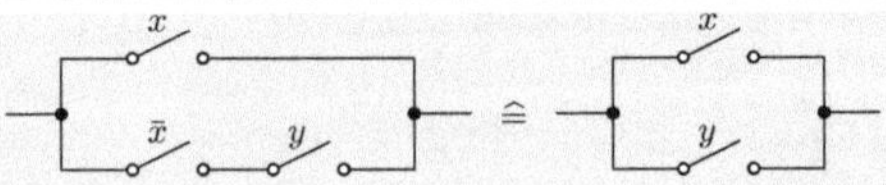	Absorptionsgesetz
$(x \wedge y) \vee (x \wedge z) =$ $x \wedge (y \vee z)$	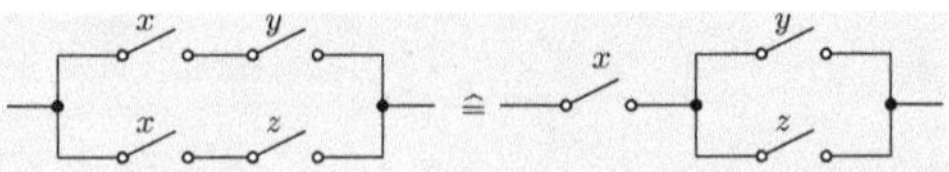	Distributivgesetz
$(x \vee y) \wedge (x \vee z) =$ $x \vee (y \wedge z)$	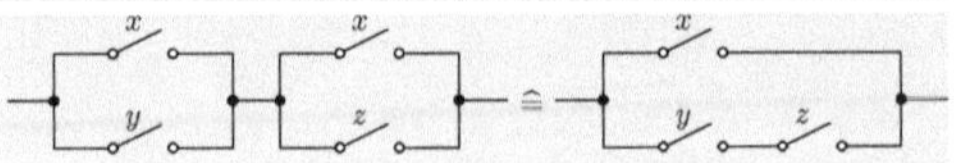	Distributivgesetz

Operation	Schaltung	Bezeichnung
$(x \vee y) \wedge (\bar{x} \vee z) = xz \vee \bar{x}y$		Konsens
$x \vee y \vee z = (x \vee y) \vee z$		Assoziativgesetz
$x \wedge y \wedge z = (x \wedge y) \wedge z$		Assoziativgesetz
$\overline{(x \vee y)} = \bar{x} \wedge \bar{y}$		De'Morgan
$\overline{(x \wedge y)} = \bar{x} \vee \bar{y}$		De'Morgan

3.1.1 Grundregeln der Antivalenzform

Im Booleschen Verband werden hauptsächlich die Operationen Disjunktion (∨), Konjunktion (∧) und die Negation (¬) verwendet. Die sogenannte Shegalkin'sche Algebra behandelt zusätzlich die Operationen Antivalenz (⊕) und Äquivalenz (⊙). Dabei spricht man von einem Booleschen Ring. Zwischen Booleschem Verband und Ring existiert eine eindeutige Beziehung.

Für die Antivalenzform gelten folgende Gesetze und Regeln [Zan89]:

Kommutativgesetz: $$x_i \oplus x_j = x_j \oplus x_i \qquad (3.1)$$

Assoziativgesetz: $$(x_k \oplus x_j) \oplus x_i = x_k \oplus (x_j \oplus x_i) = x_k \oplus x_j \oplus x_i \qquad (3.2)$$

Distributivgesetz: $$x_k(x_j \oplus x_i) = x_k x_j \oplus x_k x_i \qquad (3.3)$$

Distributiv nur bzgl. einer Konjunktion

Regeln im Bezug auf Variablen und Konstanten:

$$x \oplus 0 = x \qquad (3.4)$$

$$x \oplus 1 = \bar{x} \qquad (3.5)$$

$$x \oplus x = 0 \qquad (3.6)$$

$$x \oplus \bar{x} = 1 \qquad (3.7)$$

Die Umstellung zwischen Antivalenzform und disjunktiver bzw. konjunktiver Form ist wie folgt charakterisiert:

Umformung in disjunktive Form DF:

$$x_i \oplus x_j = x_i \bar{x}_j \vee \bar{x}_i x_j \qquad (3.8)$$

Umformung in konjunktive Form KF:

$$x_i \oplus x_j = (x_i \vee x_j) \cdot (\bar{x}_i \vee \bar{x}_j) \qquad (3.9)$$

Die Umformung einer Antivalenzform mit drei Variablen in eine DF lässt sich wie folgt ausdrücken:

$$x_k \oplus x_j \oplus x_i = \bar{x}_k \bar{x}_j x_i \vee \bar{x}_k x_j \bar{x}_i \vee x_k \bar{x}_j \bar{x}_i \vee x_k x_j x_i \tag{3.10}$$

So kann auch eine disjunktive Form durch die Antivalenzform abgebildet werden:

$$x_i \vee x_j = x_i \oplus x_j \oplus x_i x_j \tag{3.11}$$

Die Negation der Antivalenz (Äquivalenz) wird in folgender Weise durchgeführt:

$$\overline{x_i \oplus x_j} = 1 \oplus x_i \oplus x_j = \bar{x}_i \oplus x_j = x_i \oplus \bar{x}_j \tag{3.12}$$

Die formale Darstellung für die allgemeine Form der Negation von Antivalenzausdrücken lautet:

$$\overline{\bigoplus_{i=0}^{m-1}} x_i = 1 \oplus \bigoplus_{i=0}^{m-1} x_i \tag{3.13}$$

Die Antivalenzform besitzt auch die Eigenschaft der Umkehrbarkeit:

$$y = x_i \oplus x_j$$

Für die Umkehrung folgt:

$$x_i = y \oplus x_j \qquad \text{bzw.} \qquad x_j = y \oplus x_i$$

3.1.2 Grundregeln der Äquivalenzform

Wie bei der Antivalenzform lassen sich ähnliche Beziehungen für die Äquivalenzform angeben.

Kommutativgesetz: $x_i \odot x_j = x_j \odot x_i$ (3.14)

Assoziativgesetz: $(x_k \odot x_j) \odot x_i = x_k \odot (x_j \odot x_i) = x_k \odot x_j \odot x_i$ (3.15)

Distributivgesetz: $x_k \vee (x_j \odot x_i) = (x_k \vee x_j) \odot (x_k \vee x_i)$ (3.16)

Distributiv nur bzgl. einer Disjunktion

Regeln im Bezug auf Variablen und Konstanten:

$$x \odot 0 = \bar{x} \tag{3.17}$$

$$x \odot 1 = x \tag{3.18}$$

$$x \odot x = 1 \tag{3.19}$$

$$x \odot \bar{x} = 0 \tag{3.20}$$

Auch hier kann ein Äquivalenzausdruck in eine disjunktive bzw. konjunktive Normalform überführt werden:

Umformung in disjunktive Form DF:

$$x_i \odot x_j = x_i x_j \vee \bar{x}_i \bar{x}_j \tag{3.21}$$

Umformung in konjunktive Form KF:

$$x_i \odot x_j = (x_i \vee \bar{x}_j) \wedge (\bar{x}_i \vee x_j) \tag{3.22}$$

Eine konjunktive Normalform kann durch die Äquivalenzform angegeben werden:

$$x_i \wedge x_j = x_i \odot x_j \odot (x_i \vee x_j) \tag{3.23}$$

Die Negation der Äquivalenz (Antivalenz) wird in folgender Weise durchgeführt:

$$\overline{x_i \odot x_j} = 0 \odot x_i \odot x_j = \bar{x}_i \odot x_j = x_i \odot \bar{x}_j \tag{3.24}$$

Allgemein gilt für die Negation der Äquivalenzform:

$$\overline{\bigodot_{i=0}^{m-1}} x_i = 0 \odot \bigodot_{i=0}^{m-1} x_i \tag{3.25}$$

Auch die Äquivalenzform besitzt die Eigenschaft der Umkehrbarkeit:

$$y = x_i \odot x_j$$

Für die Umkehrung folgt:

$$x_i = y \odot x_j \quad \text{bzw.} \quad x_j = y \odot x_i$$

3.1.3 Produkt- und Summenterm

Literale sind Variablen, die negiert $\bar{x}_i$ oder nicht-negiert x_i vorkommen. Sind mindestens zwei Literale mit einer Konjunktion $\wedge$ verbunden, wird der gesamte Term als Produktterm definiert. Sind dagegen mindestens zwei Literale mit einer Disjunktion $\vee$ verknüpft, so wird diese Konstellation als Summenterm bezeichnet.

Definition 3.1. (Produktterm)
Als Produktterm wird eine Anzahl voneinander unabhängiger Literale x_n bezeichnet, welche durch Konjunktionen ($\wedge$) miteinander verknüpft sind. Mit A als die Menge der Indizes der beinhalteten Variablen gilt:

$$p_i(\underline{x}) := \bigwedge_{i \in A} x_i \tag{3.26}$$

Die kanonische Darstellung eines Produktterms, in der alle Elemente des definierten Tupels negiert oder nicht negiert vorkommen, wird als Minterm bezeichnet.

$$^m p_i(\underline{x}) := \bigwedge_{j=1}^{n} x_j = x_1 \cdot \ldots \cdot x_{n-1} \cdot x_n \quad \text{mit} \quad n \in \mathbb{N} \tag{3.27}$$

■

Jedes Literal kann in einem Produktterm als negiert, nicht-negiert oder gar nicht vorkommen. Enthält ein Produktterm alle im Booleschen Raum definierten Variablen, so wird dieser als Minterm benannt. Ein Minterm ist der kleinstmögliche Anteil eines Produktterms (sozusagen das Atom eines Terms). In einem KV-Diagramm wäre ein Minterm durch die Abdeckung einer einzelnen 1 gekennzeichnet. Ein Minterm kann auch als eine Vollkonjunktion bezeichnet werden.

Auch in einem Summenterm kann jedes Literal als negiert, nicht-negiert oder gar nicht vorkommen. Enthält ein Summenterm alle Variablen, so wird dieser als Maxterm benannt. Ein Maxterm kann auch als eine Volldisjunktion bezeichnet werden. In manchen Literaturen finden man den Begriff „Klausel", mit der ein Summenterm bezeichnet wird.

Definition 3.2. (Summenterm)
Als Summenterm wird eine Anzahl voneinander unabhängiger Literale x_n bezeichnet, die durch Disjunktionen ($\vee$) miteinander verknüpft sind. Für diese gilt B als die Menge der Indizes der beinhalteten Variablen:

$$s_i(\underline{x}) := \bigvee_{i \in B} x_i \tag{3.28}$$

Die kanonische Darstellung eines Summenterms, in der alle Elemente des definierten Tupels negiert oder nicht negiert vorkommen, wird als Maxterm bezeichnet.

$$^m s_i(\underline{x}) := \bigvee_{j=1}^{n} x_j = x_1 \vee \ldots \vee x_{n-1} \vee x_n \quad \text{mit} \quad n \in \mathbb{N} \tag{3.29}$$

■

3.1.4 Orthogonalität

Die Eigenschaft der Orthogonalität einer Schaltfunktion ist ein besonderes Merkmal [Boc06, Can16, Can18, Can20, CYF20, SD02, SD03, SD00, PS91]. Wenn eine Funktion orthogonal ist, darf sie in eine andere Form, in diesem Fall sind beide gleichwertig, umgewandelt werden. Die orthogonale Form einer Schaltfunktion ist dadurch gekennzeichnet, dass ihre Konjunktionen bzw. Disjunktionen paarweise zueinander disjunkt vorliegen. Zwei Terme sind disjunkt zueinander, wenn sie sich in derselben Variable mit x_i und $\bar{x}_i$ unterscheiden. Folglich ergibt die Konjunktion zweier disjunkter bzw. orthogonaler Produktterme $p_{i,j}(\underline{x})$ immer 0 (Formel 3.30). Im Gegensatz dazu resultiert die Disjunktion zweier orthogonaler Summenterme $s_{i,j}(\underline{x})$ in 1 (Formel 3.31). Unterscheiden sich alle Terme einer Funktion paarweise in den entsprechenden Variablen, so ist die gesamte Funktion als orthogonal zu bezeichnen.

Definition 3.3. (Orthogonalität von Produkttermen und Summentermen)
Zwei Produktterme $p_i(\underline{x})$ und $p_j(\underline{x})$ sind orthogonal zueinander, wenn folgende Bedingung gilt:

$$p_i(\underline{x}) \wedge p_j(\underline{x}) = 0 \quad i \neq j \tag{3.30}$$

Zwei Summenterme $s_i(\underline{x})$ und $s_j(\underline{x})$ sind orthogonal zueinander, wenn die folgende Bedingung gilt:

$$d_i(\underline{x}) \vee d_j(\underline{x}) = 1 \quad i \neq j \tag{3.31}$$

■

Die orthogonale Form einer Schaltfunktion $f(\underline{x})$ ermöglicht die Transformation in eine andere Form, die äquivalente Funktionswerte vorweist. Dies bedeutet, dass die ursprüngliche und die transformierte Form dieselben Funktionswerte besitzen, wenn jeweils dieselben Eingabewerte verwendet werden. Darüber hinaus wird durch eine orthogonale Darstellung einer Schaltfunktion die Handhabung für weitere Berechnungsschritte vereinfacht, insbesondere für das Boolesche Differenzial Kalkül (BDK) [BP81, BZP84]. Mithilfe der BDK können alle möglichen Testbelegungen für die gegebene kombinatorische Schaltung ermittelt werden. Testbelegungen werden verwendet, um mögliche Fehler in einer kombinatorischen Schaltung zu erkennen. Vor allem wird durch eine orthogonale Darstellung die Berechnung des BDKs ermöglicht, insbesondere in der Arithmetik der Quaternär-Vektor-Liste (QVL) [Can17b]. QVL ist eine Art Matrix, welche die rechentechnische Darstellung von Booleschen Funktionen und deren Synthese vereinfacht.

Theorem 3.1. (Orthogonalität einer DF und AF)
Wenn die Konjunktion zweier Produktterme $p_{i,j}(\underline{x})$ einer gegebenen disjunktiven Form DF paarweise den Wert 0 ergibt, so ist diese orthogonale disjunktive Form DF^{orth} der transformierten Form der orthogonalen Antivalenzform AF^{orth} gleichwertig, welche dieselben Produktterme beinhaltet [Boc06, BZP84, CH11, PBH86, PS91, Zan89]. Es gilt $DF^{orth} = AF^{orth}$:

$$\bigvee_{k=1}^{N} p_k = \bigoplus_{k=1}^{N} p_k; \qquad \text{mit } N\text{=Anzahl der Produktterme} \tag{3.32}$$

■

Mit der Anwendung der Formel 3.30 für orthogonale Produktterme $p_{i,j}(\underline{x})$ folgt die Beziehung in Theorem 3.1. Die Richtigkeit dieser Beziehung wird durch den folgenden Beweis belegt.

Beweis. $(DF^{orth} = AF^{orth})$
Aus der Formel 3.11 wird eine entsprechende Beziehung für Produktterme hergeleitet. Damit kann die Disjunktion zweier Produktterme $p_{i,j}(\underline{x})$ in eine Antivalenzverknüpfung umgewandelt werden, wie dies in der Formel 3.33 dargestellt ist. Somit sind die rechte und linke Seite äquivalent zueinander und beinhalten die Verknüpfung derselben Produktterme. Dies ist der Vorgang des Umformens einer disjunktiven Form in die Antivalenzform. Für den Fall, dass beide Produktterme orthogonal sind, führt die Verknüpfung im letzten Term zur 0, welche bei einer ⊕-Operation zu vernachlässigen ist, da $x_i \oplus 0 = x_i$ gilt. Letztendlich ist die Gültigkeit der Beziehung unter Theorem 3.1 gegeben.

$$p_i(\underline{x}) \vee p_j(\underline{x}) = p_i(\underline{x}) \oplus p_j(\underline{x}) \oplus \underbrace{(p_i(\underline{x}) \wedge p_j(\underline{x}))}_{=0} \tag{3.33}$$

□

Beispiel 3.1. $(DF^{orth} = AF^{orth})$
Der Unterschied zwischen der orthogonalen und nicht orthogonalen Form einer DF bzw. AF ist in dem KV-Diagramm (Bild 3.1) charakterisiert. Eine orthogonale DF bzw. AF beinhaltet Produktterme, die sich in ihrer Blockdarstellung so kennzeichnen, dass diese sich nicht überschneiden.

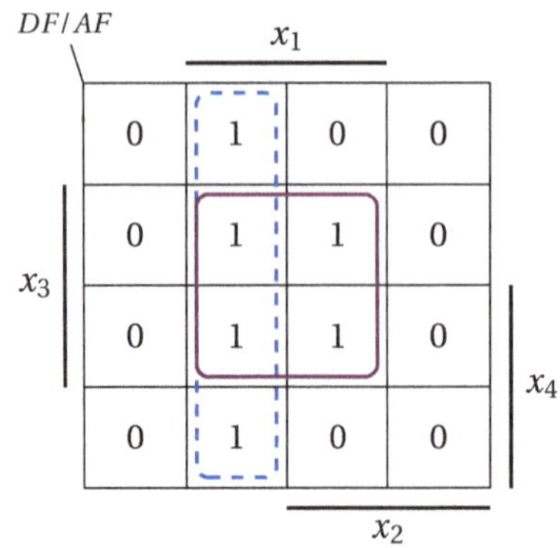

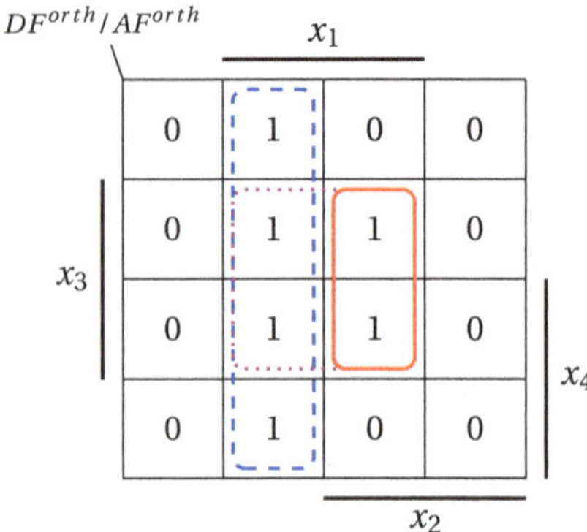

Bild 3.1 Gegenüberstellung orthogonal/nicht orthogonal

Theorem 3.2. (Orthogonalität einer KF und EF)
Wenn die Konjunktion zweier Summenterme $s_{i,j}(\underline{x})$ einer gegebenen konjunktiven Form KF paarweise den Wert 1 ergibt, so konguriert diese orthogonale KF KF^{orth} ihrer transformierten Form der orthogonalen Äquivalenzform EF EF^{orth}, welche dieselben Summenterme beinhaltet [Boc06, BZP84, CH11, PBH86, PS91, Zan89]. Es gilt $KF^{orth} = EF^{orth}$:

$$\bigwedge_{k=1}^{m} d_k = \bigodot_{k=1}^{m} d_k \tag{3.34}$$

■

Mit der Anwendung der Formel 3.31 für orthogonale Summenterme $s_{i,j}(\underline{x})$ folgt die Beziehung in Theorem 3.2. Ihre Gültigkeit wird nachfolgend belegt.

Beweis. ($KF^{orth} = EF^{orth}$)
Eine orthogonale KF darf in eine EF nach der Formel 3.35 umgeformt werden. Dies ist der Vorgang des Umformens einer konjunktiven Form in die Äquivalenzform. Für den Fall, dass beide Summenterme orthogonal sind, führt die Verknüpfung im letzten Term zur einer 1 (Formel 3.31), welche bei einer $\odot$-Operation vernachlässigt wird, da $x_i \odot 1 = x_i$ gilt. Somit wird die Gültigkeit der Beziehung in Theorem 3.2 gezeigt.

$$d_i(\underline{x}) \wedge d_j(\underline{x}) = d_i(\underline{x}) \odot d_j(\underline{x}) \odot \underbrace{(d_i(\underline{x}) \vee d_j(\underline{x}))}_{=1} \tag{3.35}$$

□

3.2 Logikgatter

Ein Logikgatter besteht aus mindestens einem Eingangssignal und einem Ausgangssignal. Die Eingänge werden durch $x_i, x_j, .., x_k$ (mit $k \in \mathbb{N}$) und der Ausgang durch y gekennzeichnet [Zan89]. Der Zusammenschluss mehrerer Gatter ergibt ein kombinatorisches Schaltnetzwerk. In der folgenden Tabelle 3.3 sind alle Gatterarten vorgestellt.

Tabelle 3.3 Gatterarten im Überblick

Typ	Gatter	Wahrheitstabelle
Das **NOT**-Gatter invertiert das Eingangssignal, d.h. eine 0 wird zu einer 1 und umgekehrt. Es wird auch als Inverter bezeichnet (Komplementbildung).	x_i — 1 —o y	x_i y 0 1 1 0
Bei einem **AND**-Gatter liegt der Ausgang auf 1, wenn alle Eingangssignale auf 1 liegen.	x_i, x_j — & — y	x_i x_j $y = x_i \wedge x_j$ 0 0 0 0 1 0 1 0 0 1 1 1
Bei einem **OR**-Gatter liegt der Ausgang auf 1, wenn eines der Eingangssignale auf 1 liegt.	x_i, x_j — ≥ 1 — y	x_i x_j $y = x_i \vee x_j$ 0 0 0 0 1 1 1 0 1 1 1 1
Das **NAND**-Gatter entspricht einem AND-Gatter und einem anschließenden NOT-Gatter. Bei einem NAND-Gatter liegt der Ausgang auf 0, wenn alle Eingangssignale auf 1 liegen.	x_i, x_j — & —o y	x_i x_j $y = \overline{x_i \wedge x_j}$ 0 0 1 0 1 1 1 0 1 1 1 0
Das **NOR**-Gatter entspricht einem OR-Gatter und einem anschließenden NOT-Gatter. Bei einem NOR-Gatter liegt der Ausgang auf 0, wenn eines der Eingangssignale auf 1 liegt. Auf NAND- und NOR-Funktionen wird in dieser Arbeit nicht näher eingegangen.	x_i, x_j — ≥ 1 —o y	x_i x_j $y = \overline{x_i \vee x_j}$ 0 0 1 0 1 0 1 0 0 1 1 0
Das **EXOR**-Gatter (Exklusic-ODER) entspricht der Antivalenz. Bei einem EXOR-Gatter mit mehreren Eingängen liegt der Ausgang auf 1, wenn die Anzahl der Eingangssignale, die auf 1 liegen, ungerade ist.	x_i, x_j — $=1$ — y	x_i x_j $y = x_i \oplus x_j$ 0 0 0 0 1 1 1 0 1 1 1 0
Das **EXNOR**-Gatter entspricht der Negation der EXOR-Funktion, d.h. EXOR-Gatter mit anschließender NOT-Gatter. Bei einem EXNOR-Gatter mit mehreren Eingängen liegt der Ausgang auf 1, wenn die Anzahl der Eingangssignale, die auf 1 liegen, gerade ist	x_i, x_j — $=1$ —o y	x_i x_j $y = x_i \odot x_j$ 0 0 1 0 1 0 1 0 0 1 1 1

4 Schaltalgebraische Funktion

4.1 Schaltfunktion

Jeder Eintrag des Tupels aus binären Werten der Länge n steht für eine Boolesche Variable x_n und nimmt nur die Werte 1 oder 0 an.

$$\underline{x} = (x_n, .., x_2, x_1) \quad \text{mit} \quad x_n \in \{0,1\}, \quad n \in \mathbb{N}^+ \tag{4.1}$$

Das kartesische Produkt der Booleschen Menge $\mathbf{B} := \{0,1\}$, welche aus zwei Wahrheitselementen besteht, bildet den Booleschen Raum $\mathbf{B}^n$, welcher genau 2^n Elemente besitzt. Die eindeutige Abbildung eines Booleschen Raumes $\mathbf{B}^n$ auf die Boolesche Menge $\mathbf{B}$ wird als eine Schaltfunktion $f(\underline{x})$ definiert, für die $f(\underline{x}) : \mathbf{B}^n \to \mathbf{B}$ gilt. Es ergeben sich 2^{2^n} voneinander verschiedene Funktionen [Boc06, CH11, Pos79, Kü79, PBH86, PS91]. Eine Schaltfunktion besteht entweder aus Produkttermen $p_i(\underline{x})$ oder/und Summentermen $s_i(\underline{x})$, die eine oder mehrere Variablen $x_i = \{x_1, x_2, \ldots, x_n\}$ beinhalten, welche nicht negiert x_n, negiert $\bar{x}_n$ oder auch gar nicht vorkommen [Boc06, BZP84, CH11, PBH86, Zan89].

Ein Produktterm wird in der kombinatorischen Logik als UND-Gatter und ein Summenterm als ODER-Gatter dargestellt. Die Standardformen [SP07] werden aus der Diskreten Mathematik begründet in die Schaltalgebra übertragen und entsprechend als Gatterschaltung [Lip95, WH03, Zan89] aufgestellt. Umgekehrt betrachtet wird aus einer Schaltung bestehend aus diversen Gattern die entsprechende Boolesche Funktion aufgestellt, welche zur mathematischen Untersuchung bzw. für das Lösen von Problemstellungen herangezogen wird. Wenn die Eingänge der vier Grundgatter (UND, ODER, EXOR, EXNOR) einmal mit UND-Gattern und dann mit ODER-Gattern angelegt werden, entstehen sechs unterschiedliche 2-stufige Schaltungen (Bild 4.1) . Da NAND und NOR-Gatter im Grunde die Negationen von UND und ODER und mit DF und KF darstellbar sind, wird auf diese beiden Gatterformen nicht näher eingegangen. Mit ihrer mathematischen Abbildung entstehen demnach sechs Basis-Funktionsformen (Standardformen). Die ODER-Verknüpfung von mindestens zwei UND-Gattern ergibt eine DF (Bild 4.1 a). Die ODER-Verknüpfung von ODER-Gattern ist im Gesamten wieder ein ODER-Gatter der gesamten Eingänge. Eine neue Funktionsform entsteht dadurch nicht. Mit einer UND-Verknüpfung von mindestens zwei ODER-Gattern entsteht eine KF (Bild 4.1 b). Eine UND-Verknüpfung von UND-Gattern kann als ein UND-Gatter mit der Anzahl an Eingängen aller Eingänge betrachtet werden, welche keine neue Funktionsform ergibt. Bei der EXOR- und EXNOR-Verknüpfung entstehen jeweils zwei Formen. Die EXOR-Verknüpfung von UND-Gattern (Bild 4.1 c) wird als Antivalenzform von Konjunktionen AF_K (Formel 4.6) und die EXOR-Verknüpfung von ODER-Gattern (Bild 4.1 e) wird als Antivalenzform von Disjunktionen AF_D (Formel 4.10) bezeichnet. Die EXNOR-Verknüpfung von ODER-Gattern (Bild 4.1 d) wird als Äquivalenzform von Disjunktionen EF_D (Formel 4.8) und die EXNOR-Verknüpfung von UND-Gattern (Bild 4.1 f) wird als Äquivalenzform von Konjunktionen EF_K (Formel 4.12) bezeichnet.

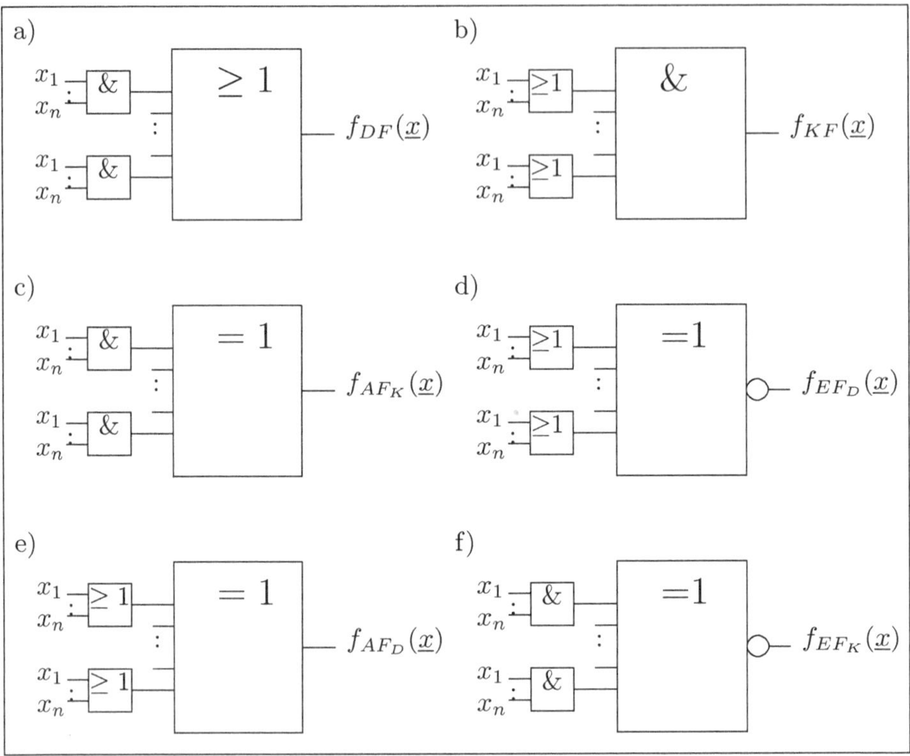

Bild 4.1 Darstellung der Standardformen als kombinatorische Schaltung

4.2 Standardformen

Jede Standardform einer Schaltfunktion besteht aus Verknüpfungen von entweder Produkttermen $p_i(\underline{x})$ oder Summentermen $s_i(\underline{x})$. Die Operatoren dieser Verknüpfungen sind je nach Form entweder die Konjunktion ($\wedge$), die Disjunktion ($\vee$), die Antivalenz ($\oplus$) oder die Äquivalenz ($\odot$). In dieser Literatur werden sechs Standardformen schaltalgebraischer Funktionen als Ausgangspunkt für weitere Untersuchungen definiert [Can17a]. Die disjunktive Form DF (Formel 4.2) ist die Verknüpfung von Produkttermen durch Disjunktion(-en) ($\vee$). Daneben ist die Verknüpfung von Summentermen durch Konjunktion(-en) ($\wedge$) als konjunktive Form KF (Formel 4.4) definiert. Die Antivalenzform von Konjunktionen AF_K (Formel 4.6) ist die Antivalenz-Operation von Produkttermen und die Antivalenzform von Disjunktionen AF_D (Formel 4.10) ist die Antivalenz-Operation von

Summentermen. Dagegen ist die Äquivalenzform von Disjunktionen EF_D (Formel 4.8) die Äquivalenz-Operation von Summentermen und die Äquivalenzform von Konjunktionen EF_K (Formel 4.12) die Äquivalenz-Operation von Produkttermen. Die elementare Darstellung dieser Standardformen, d.h. die Verknüpfung aus Min- bzw. Maxtermen, wird Normalform genannt.

4.2.1 Disjunktive Form – DF

Eine Funktion der disjunktiven Form besteht aus mindestens zwei Produkttermen. Wenn ein einziger Produktterm den Wert 1 annimmt ($p_i(\underline{x}) = 1$), dann wird damit die gesamte Schaltfunktion zu einer 1. Das bedeutet wiederum, das im Minimum durch ein Produktterm des Wertes 1 die gesamte Funktion zur einer 1 wird. Die Bezeichnung Minterm lässt sich damit erklären.

Definition 4.1. (DF – disjunktive Form)
Die disjunktive Form besteht aus $\vee$-Verknüpfungen von mindestens zwei Produkttermen $p_i(\underline{x})$.

$$f_{DF}(\underline{x}) = \bigvee_{i=2}^{k} p_i(\underline{x}) \quad \text{mit} \quad k \geq 2 \tag{4.2}$$

Dagegen besteht die disjunktive Normalform aus Verknüpfungen von mindestens zwei Mintermen ${}^m p_i(\underline{x})$.

$$f_{DNF}(\underline{x}) = \bigvee_{i=2}^{k} {}^m p_i(\underline{x}) = (x_1 \wedge \ldots \wedge x_n)_1 \vee \ldots \vee (x_1 \wedge \ldots \wedge x_n)_k \tag{4.3}$$

■

4.2.2 Konjunktive Form – KF

Eine Funktion der konjunktiven Form besteht aus mindestens zwei Summentermen. Um den Wert der Schaltfunktion auf 1 zu setzen, müssen alle Summenterme, d.h. das Maximum, den Wert 1 ergeben. Daraus lässt sich die Benennung Maxterm sinnvoll ableiten.

Definition 4.2. (KF – konjunktive Form)
Die konjunktive Form besteht aus $\wedge$-Verknüpfungen von mindestens zwei Summentermen $s_i(\underline{x})$.

$$f_{KF}(\underline{x}) = \bigwedge_{i=2}^{k} s_i(\underline{x}) \quad \text{mit} \quad k \geq 2 \tag{4.4}$$

Die konjunktive Normalform besteht aus mindestens zwei verknüpften Maxtermen ${}^m s_i(\underline{x})$.

$$f_{KNF}(\underline{x}) = \bigwedge_{i=2}^{k} {}^m s_i(\underline{x}) = (x_1 \vee \ldots \vee x_n)_1 \wedge \ldots \wedge (x_1 \vee \ldots \vee x_n)_k \tag{4.5}$$

■

4.2.3 Antivalenzform von Konjunktionen – AF_K

Die Antivalenzform von Konjunktionen besteht aus Produkttermen. Die ungerade Anzahl an Produkttermen, die den Wert der 1 aufweisen, führt dazu, dass die gesamte Funktion $f_{AF_K}(\underline{x}) = 1$ zur einer 1 wird.

Definition 4.3. (AF_K – Antivalenzform von Konjunktionen)
Die Antivalenzform von Konjunktionen besteht aus ⊕ - Verknüpfungen von mindestens zwei Produkttermen $p_i(\underline{x})$.

$$f_{AF_K}(\underline{x}) = \bigoplus_{i=2}^{k} p_i(\underline{x}) \quad \text{mit} \quad k \geq 2 \tag{4.6}$$

Die ⊕-Verknüpfung von Mintermen wird als Antivalenznormalform von Konjunktionen bezeichnet.

$$f_{ANF_K}(\underline{x}) = \bigoplus_{i=2}^{k} {}^{m}p_i(\underline{x}) = (x_1 \wedge \ldots \wedge x_n)_1 \oplus \ldots \oplus (x_1 \wedge \ldots \wedge x_n)_k \tag{4.7}$$

■

4.2.4 Äquivalenzform von Konjunktionen – EF_D

Die Äquivalenzform von Disjunktionen besteht aus Summentermen. Hier führt die gerade Anzahl an Summentermen, die den Wert der 1 aufweisen, zu einem Gesamtwert von 1 der Funktion $f_{EF_D}(\underline{x}) = 1$.

Definition 4.4. (EF_D – Äquivalenzform von Disjunktionen)
Die Äquivalenzform von Disjunktionen besteht aus ⊙ - Verknüpfungen von mindestens zwei Summentermen $s_i(\underline{x})$.

$$f_{EF_D}(\underline{x}) = \bigodot_{i=2}^{k} s_i(\underline{x}) \quad \text{mit} \quad k \geq 2 \tag{4.8}$$

Dagegen besteht die Äquivalenznormalform von Disjunktionen aus mindestens zwei Maxtermen.

$$f_{ENF_D}(\underline{x}) = \bigodot_{i=2}^{k} {}^{m}s_i(\underline{x}) = (x_1 \vee \ldots \vee x_n)_1 \odot \ldots \odot (x_1 \vee \ldots \vee x_n)_k \tag{4.9}$$

■

Die zuletzt aufgeführten beiden Formen werden in anderen Literaturen als Antivalenz- und Äquivalenzform bezeichnet. In dieser Arbeit werden diese beiden Formen mit dem Zusatz Konjunktionen oder Disjunktionen gekennzeichnet, da hierbei die Antivalenz- und Äquivalenzverknüpfung von Produkt- oder Summentermen getrennt betrachtet werden. Aus diesem Grunde entstehen zwei weitere spezielle Formen.

4.2.5 Antivalenzform von Disjunktionen – AF_D

Die Antivalenzform von Disjunktionen besteht aus Summentermen. Auch hier führt die ungerade Anzahl an Summentermen, die den Wert der 1 aufweisen, dazu, dass die gesamte Funktion $f_{AF_D}(\underline{x}) = 1$ zur einer 1 wird.

Definition 4.5. (AF_D – Antivalenzform von Disjunktionen)
Die Antivalenzform von Disjunktionen besteht aus ⊕ - Verknüpfungen von mindestens zwei Produkttermen $p_i(\underline{x})$.

$$f_{AF_D}(\underline{x}) = \bigoplus_{i=2}^{k} s_i(\underline{x}) \quad \text{mit} \quad k \geq 2 \tag{4.10}$$

Die Antivalenznormalform von Disjunktionen besteht aus Maxtermen

$$f_{ANF_D}(\underline{x}) = \bigoplus_{i=2}^{k} {}^m s_i(\underline{x}) = (x_1 \vee \ldots \vee x_n)_1 \oplus \ldots \oplus (x_1 \vee \ldots \vee x_n)_k \tag{4.11}$$

■

4.2.6 Äquivalenzform von Konjunktionen – EF_K

Dagegen besteht die Äquivalenzform von Konjunktionen aus Produkttermen. Sie benötigt die gerade Anzahl an Produkttermen, die den Wert der 1 aufweisen, damit der Gesamtwert der Funktion $f_{EF_K}(\underline{x}) = 1$ zu einer 1 wird.

Definition 4.6. (EF_K – Äquivalenzform von Konjunktionen)
Die Äquivalenzform von Konjunktionen besteht aus ⊙ - Verknüpfungen von mindestens zwei Summentermen $s_i(\underline{x})$.

$$f_{EF_K}(\underline{x}) = \bigodot_{i=2}^{k} p_i(\underline{x}) \quad \text{with} \quad k \geq 2 \tag{4.12}$$

Darüber hinaus besteht die Äquivalenznormalform von Konjunktionen aus Mintermen.

$$f_{ENF_K}(\underline{x}) = \bigodot_{i=2}^{k} {}^m p_i(\underline{x}) = (x_1 \wedge \ldots \wedge x_n)_1 \odot \ldots \odot (x_1 \wedge \ldots \wedge x_n)_k \quad \text{with} \quad k \geq 2 \tag{4.13}$$

■

Darüber hinaus gäbe es Möglichkeiten, Boolesche Funktionen als Mischformen mit unterschiedlichen Verknüpfungsoperatoren darzustellen, auf die aber in dieser Arbeit nicht näher eingegangen wird. Zwischen den einzelnen Formen gibt es die Möglichkeit der Transformierbarkeit. Gewisse Formen können durch eine spezielle Darstellung ihrer Formen in andere gleichwertige Form transformiert werden, um gegebenenfalls gewisse Berechnungen, wie z.B. das Negieren oder auch das Boolesche Differentialkalkül [Boc06, BZP84, CH11, PBH86, PS91, Zan89] zu vereinfachen. Dabei spielt die Eigenschaft der Orthogonalität mitunter eine entscheidende Rolle, die in späteren Kapiteln näher erläutert wird.

4.3 Karnaugh-Veitch-Diagramm

KV-Diagramme (Karnaugh-Veitch-Diagramme) werden zur Visualisierung und Vereinfachung von Booleschen Funktionen angewandt. Zusätzlich ist ein KV-Diagramm ein gutes Hilfsmittel bei der Untersuchung von Hazardfehlern einer kombinatorischen Schaltung und bei der Orthogonalisierung von Disjunktiven Formen. Jedoch sind die KV-Diagramme bis zur einer begrenzten Größe n (etwa n=6) noch übersichtlich, danach wird es praktisch schwierig, ein Diagramm für Funktionen höherer Dimensionen darzustellen.

KV-Diagramme bestehen aus 2^n Feldern (n als die Anzahl der Eingangsvariablen einer Funktion). An den Rändern des KV-Diagrammes (Bild 7.14) befinden sich die Variablenbezeichnungen der zugehörigen Felder, welche in nicht-negierter und gegebenenfalls auch in negierter Form vorkommen. Die Variablen dürfen beliebig zugeordnet werden, müssen sich aber horizontal und vertikal mit den benachbarten Feldern exakt in einer Variable unterscheiden [Beu06, Lip95, Web77]. Mit jeder weiteren Variable wird das Diagramm entweder an der horizontalen oder vertikalen Spiegelachse dupliziert, um den Bereich für die nächste Variable zu definieren.

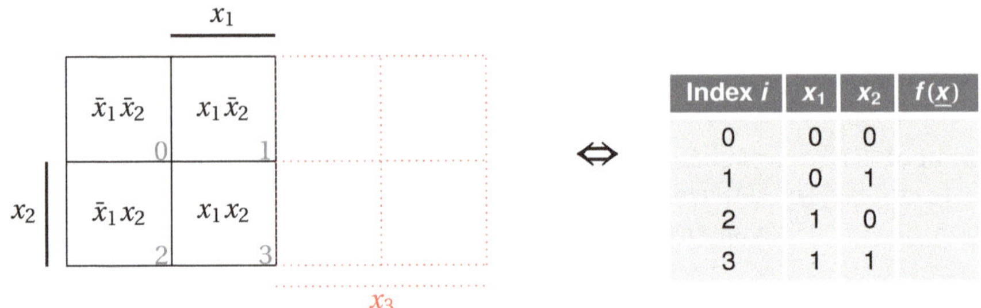

Index i	x_1	x_2	$f(\underline{x})$
0	0	0	
1	0	1	
2	1	0	
3	1	1	

Bild 4.2 KV-Diagramm mit der zugehörigen Wahrheitstabelle

Aus dem KV-Diagramm kann eine entsprechende Wertetabelle der Produktterme bzw. der Funktion und umgekehrt aufgestellt werden. Da eine Schaltfunktion $f(\underline{x}) = f(x_1, x_2, \ldots, x_n)$ n-Eingangsvariablen und eine Ausgangsvariable für $f(\underline{x})$ besitzt, erfolgen damit 2^n Funktionswerte, die in einer Wertetabelle aufgelistet werden können. Einem Feld im KV-Diagramm wird genau eine Eingangsbelegung zugewiesen und ein entsprechender Index-Wert eingetragen. Der Wert der Indizes entspricht dem Dezimalwert der entsprechenden Belegung. Beispielsweise entspricht der Produktterm x_1x_2 dem binären Wert 11_{Bin} und dem dezimalen Wert 3_{Dez}. Daraus folgt als Indexwert die 3, welche in das zugehörige Feld dieser Belegung eingetragen wird (Bild 7.14).

In Abhängigkeit von der Standardform einer Booleschen Funktion variieren die Methoden, diese in KV-Diagrammen abzubilden. Im Weiteren wird auf die unterschiedliche Vorgehensweise anhand von Beispielen näher eingegangen, weil im späterem Kapitel die Veranschaulichung einzelner Operationen in KV-Diagrammen erfolgt.

4.3.1 Abbildung der DF

Eine DF besteht aus Produkttermen, welche alle in die zugehörigen Felder eines KV-Diagramms eingetragen werden und damit die entsprechende Funktion abbilden. Der Eintrag der Produktterme erfolgt dadurch, dass in die entsprechenden Felder eine 1 eingetragen wird, welche einen Produktterm abbilden. Ein Produktterm wird als Block gekennzeichnet. Ein Block besteht immer aus einer geraden Anzahl an Einsen. Ein Minterm wird mit dem kleinsten Block abgebildet und besteht aus einer einzigen 1. Die restlichen Felder erhalten einen $*$, da die DF eine partielle Funktion ist und dadurch nicht sicher gestellt ist, ob die restlichen Felder mit 0 zu versehen sind. Falls aber von totalen Funktionen ausgegangen wird, wird an Stelle von $*$ eine 0 eingetragen.

Beispiel 4.1. (DF im KV-Diagramm)
Als Beispiel wird die Funktion $f_{DF}^{1}(\underline{x}) = x_2 x_3 \vee x_1$ in das folgende KV-Diagramm eingetragen.

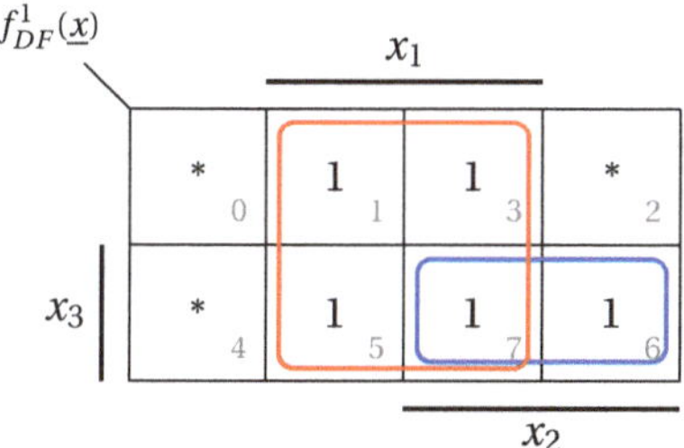

Bild 4.3 Abbildung einer DF im KV-Diagramm

4.3.2 Abbildung der KF

Eine Funktion der KF besteht aus Summentermen. Zuerst werden für die Summenterme der Reihe nach Nummern vergeben, welche in die zugehörigen Felder datiert werden, die sie belegen. Der Wert 1 wird in die Felder eingetragen, in der die Gesamtheit aller Nummerierungen der benannten Summenterme vorhanden sind. Die restlichen Felder erhalten einen $*$, da auch die KF eine partielle Funktion ist und dadurch nicht sicher gestellt ist, ob die restlichen Felder mit 0 zu versehen sind. Falls aber von totalen Funktionen ausgegangen wird, wird an Stelle von $*$ eine 0 eingetragen.

Beispiel 4.2. (KF im KV-Diagramm)
Die Funktion $f_{KF}^{2}(\underline{x}) = (x_2 \vee x_3)_1 \wedge (x_1 \vee \bar{x}_3)_2$ ist gegeben, welche in dem folgenden KV-Diagramm widergespiegelt wird.

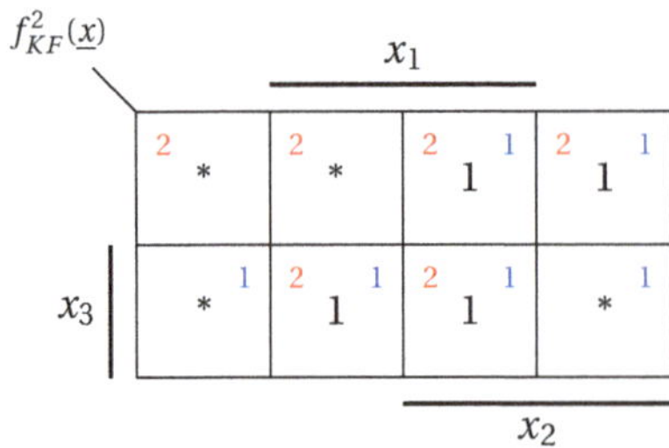

Bild 4.4 Abbildung einer KF im KV-Diagramm

4.3.3 Abbildung der AF$_K$ und AF$_D$

Eine AF$_K$ besteht aus Produkttermen. Der Eintrag der Produktterme erfolgt dadurch, dass pro Produktterm, der einen Bereich abdeckt, ein Strich (') in die abdeckenden Felder eingetragen wird. Anschließend wird in alle abdeckenden Felder der Wert 1 eingetragen, welche die ungerade Anzahl an Strichen (') beinhalten. Die restlichen Felder bekommen den Wert 0, da die AF$_K$ eine totale Funktion ist. Ähnlich ist mit dem AF$_D$ vorzugehen, so dass jedem Summenterm ein Strich (') zugeordnet wird.

Beispiel 4.3. (AF$_K$ im KV-Diagramm)
Als Beispiel ist die Funktion $f^3_{AF_K}(\underline{x}) = x_2x_3 \oplus x_1$ gegeben, welche in das folgende KV-Diagramm eingetragen wird.

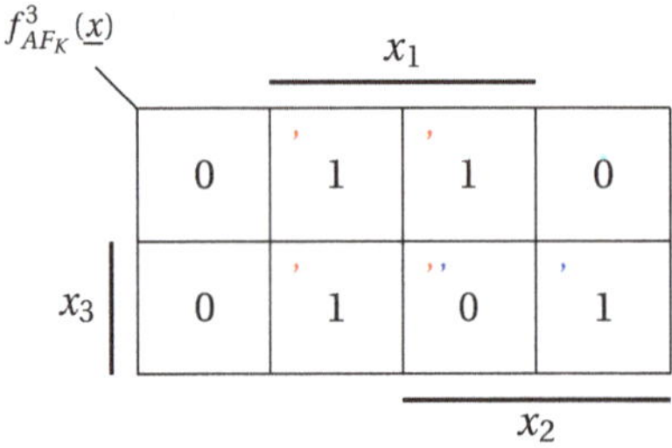

Bild 4.5 Abbildung einer AF$_K$ im KV-Diagramm

4.3.4 Abbildung der EF$_D$ und EF$_K$

Eine Funktion der EF$_D$ beinhaltet Summenterme. Der Eintrag der Summenterme erfolgt dadurch, dass pro Summenterme ein Strich (') vergeben wird und diese in die zugehörigen Felder eingetragen werden. Danach wird eine 1 in die Felder eingetragen, welche die gerade Anzahl an Strichen (') und gleichzeitig keinen Strich beinhalten. Die restlichen Felder werden mit 0 gefüllt, da die EF$_D$ auch eine totale Funktion ist. Ähnlich ist mit dem EF$_K$ vorzugehen, so dass jedem Produkterm ein Strich (') zugeordnet wird.

Beispiel 4.4. (EF_D im KV-Diagramm)
Gegeben ist eine Funktion $f^4_{EF_D}(\underline{x}) = (x_2 \vee x_3) \odot x_1$, die in dem folgenden KV-Diagramm abgebildet wird:

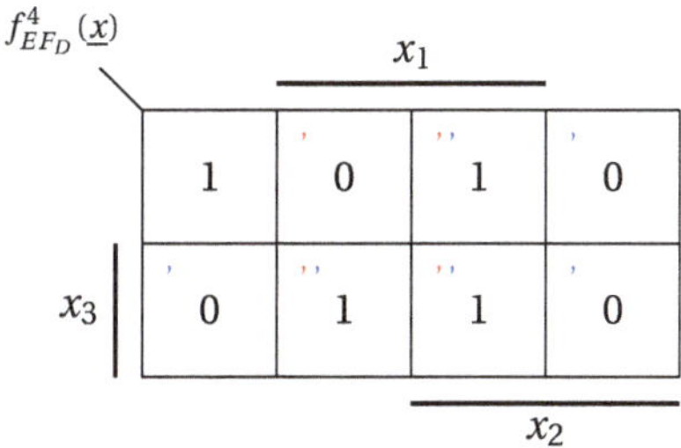

Bild 4.6 Abbildung einer EF_D im KV-Diagramm

4.3.5 Beispielfunktionen zu den Standardformen

Zusätzlich werden zum besseren Verständnis zu jeder Standardform Beispiele aufgeführt, die zum einen in KV-Diagrammen wiedergegeben und zum anderen in einer Wertetabelle aufgelistet werden:

Beispiel 4.5. (Beispielfunktionen)
Gegeben sind sechs verschiedene Beispielfunktionen zu den Standardformen:

Beispielfunktionen	
$f_{DF}(\underline{x}) = x_i\overline{x}_j \vee x_j\overline{x}_k$	$f_{CF}(\underline{x}) = (x_i \vee \overline{x}_j) \wedge (x_j \vee \overline{x}_k)$
$f_{AF_K}(\underline{x}) = x_i\overline{x}_j \oplus x_j\overline{x}_k$	$f_{EF_D}(\underline{x}) = (x_i \vee \overline{x}_j) \odot (x_j \vee \overline{x}_k)$
$f_{EF_K}(\underline{x}) = x_i\overline{x}_j \odot x_j\overline{x}_k$	$f_{AF_D}(\underline{x}) = (x_i \vee \overline{x}_j) \oplus (x_j \vee \overline{x}_k)$

In der dazugehörigen Wertetabelle sind die entsprechenden Funktionswerte aufgeführt:

i	x_i	x_j	x_k	f_{DF}	f_{KF}	f_{AF_K}	f_{AF_D}	f_{EF_K}	f_{EF_D}
0	0	0	0	0	1	0	0	1	1
1	0	0	0	1	1	1	0	0	1
2	0	1	0	0	0	0	1	1	0
3	0	1	0	0	1	0	0	1	1
4	1	0	1	0	0	0	1	1	0
5	1	0	1	1	0	1	1	0	0
6	1	1	0	1	0	1	1	0	0
7	1	1	0	1	1	1	0	0	1

Entsprechende Abbildungen der sechs Beispielfunktionen sind in den KV-Diagrammen (Bild 4.7) zu finden.

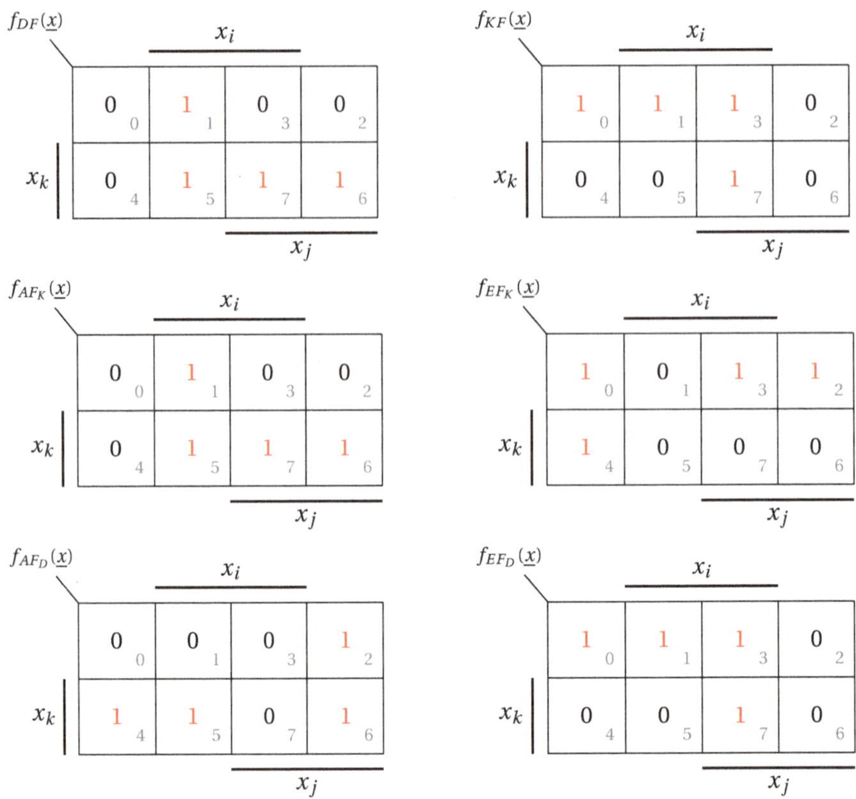

Bild 4.7 Abbildung der Beispielfunktionen in KV-Diagrammen

TEIL III

Arithmetik

5 Arithmetik der Schaltalgebra

In diesem Abschnitt werden die elementaren Operationen des Verundens (Disjunktion), der Vereinigung (Konjunktion), der Negation (Komplement) und der Differenzbildung sowohl für Produktterme als auch für Summenterme, welche auf Grund des Isomorphismus aus der Mengenlehre abgeleitet werden, ausführlich für die Schaltalgebra definiert. Jeder Operation wird eine mathematische Formel zugewiesen, die durch die „Vollständige Induktion" auf Allgemeingültigkeit bewiesen wird.

Hierbei werden lediglich elementare Operationen zwischen zwei Termen bzw. Funktionen gezeigt. Diese sind jedoch auf die Operationen von mehreren Termen bzw. Funktionen einfach erweiterbar. Deshalb wird nicht weiter auf die Operationen mehrfacher Terme bzw. Funktionen eingegangen. Solange die Grundarithmetik verstanden wird, sollte die Übertragung auf das Mehrfache unkompliziert vorgenommen werden können.

5.1 Umwandlung von DF zu KF

Zuvor wird in diesem Unterkapitel die direkte Umwandlung einer disjunktiven Form in eine konjunktive Form und umgekehrt formell vorgestellt. Die folgenden beiden Gleichungen werden bei einigen nachfolgenden Arithmetiken eingesetzt. Dabei betrachten wir zunächst die Umwandlung eines DFs, welches aus zwei Produkttermen besteht:

Theorem 5.1. (zwei Produktterme in Summenterme)

$$(x_1 \cdot x_2 \cdot \ldots \cdot x_n)_i \vee (x_1 \cdot x_2 \cdot \ldots \cdot x_n)_j = \tag{5.1}$$

$$(x_{1_i} \vee x_{1_j}) \wedge (x_{1_i} \vee x_{2_j}) \wedge \ldots \wedge (x_{1_i} \vee x_{n_j}) \wedge (x_{2_i} \vee x_{1_j}) \wedge (x_{2_i} \vee x_{2_j}) \wedge \ldots \wedge$$

$$(x_{2_i} \vee x_{n_j}) \wedge \ldots \wedge (x_{n_i} \vee x_{1_j}) \wedge (x_{n_i} \vee x_{2_j}) \wedge \ldots \wedge (x_{n_i} \vee x_{n_j})$$

Die Transformation erfolgt durch die Bildung von Konjunktionen einzelner Disjunktionen, die zwei Variablen beinhalten. Die eine Variable folgt aus dem ersten Produktterm und die zweite aus dem zweiten Produktterm, und zwar in alternierender, aufsteigender Reihenfolge. Ähnlich erfolgt die Umwandlung eines DFs mit mehrfachen Produkttermen in die konjunktive Form KF:

Theorem 5.2. (mehrfache Produktterme in Summenterme)

$$\begin{aligned}
&(x_1 \cdot x_2 \cdot \ldots \cdot x_n)_i \vee (x_1 \cdot x_2 \cdot \ldots \cdot x_n)_j \vee \ldots \vee (x_1 \cdot x_2 \cdot \ldots \cdot x_n)_k = \\
&(x_{1_i} \vee x_{1_j} \vee \ldots \vee x_{1_k}) \wedge (x_{1_i} \vee x_{2_j} \vee \ldots \vee x_{1_k}) \wedge \ldots \wedge (x_{1_i} \vee x_{n_j} \vee \ldots \vee x_{1_k}) \wedge \\
&(x_{2_i} \vee x_{1_j} \vee \ldots \vee x_{1_k}) \wedge \ldots \wedge (x_{2_i} \vee x_{n_j} \vee \ldots \vee x_{1_k}) \wedge \ldots \wedge (x_{2_i} \vee x_{n_j} \vee \ldots \vee x_{n_k}) \wedge \\
&(x_{n_i} \vee x_{n_j} \vee \ldots \vee x_{1_k}) \wedge \ldots \wedge (x_{n_i} \vee x_{n_j} \vee \ldots \vee x_{n_k})
\end{aligned} \tag{5.2}$$

■

Beide Theoreme können mithilfe einer Wahrheitstabelle überprüft werden. Durch den Einsatz der entsprechenden 0/1-Werte wird die Gleichheit der rechten Seite mit der linken Seite verglichen. An dieser Stelle lassen wir jedoch die Überprüfung aus.

■ 5.2 Das Verunden

Hier ist anzumerken, dass bei allen nachfolgenden Berechnungen von Produkt- bzw. Summentermen, die in kanonischer Form vorliegen, d.h. als Min- bzw. Maxterme dargestellt sind, ausgegangen wird. Nichtsdestotrotzt sind die Gleichungen allgemeingültig. Die Reihenfolge der Indizes in den jeweiligen Gleichungen geben lediglich die Reihenfolge der zu verknüpfenden Variablen an. Wird eine Variable negiert angezeigt, muss an dieser Stelle das entsprechende Literal der angegebenen Konjunktion oder Disjunktion negiert werden. Mit n oder n' ist die Anzahl der Variablen in ihrem jeweiligen Term definiert. Zudem wird mit $\dot{n}$ oder $\dot{n}'$ die Anzahl der jeweiligen Produkt bzw. Summenterme in ihrer Funktionsform gekennzeichnet. Zur mathematischen Darstellung jeder Operation ist jedoch die kanonische Darstellung am sinnvollsten. Zunächst werden die Theoreme der Gleichung aufgestellt, welche anschließend mit dem mathematischen Beweis der Vollständigen Induktion für allgemeingültig erklärt werden.

5.2.1 Verunden zweier Produktterme

Das Verunden bzw. die Konjunktion zweier Produktterme $p_{i,j}(\underline{x})$ mit $n, n' \in \mathbb{N}$ ergibt einen neuen Produktterm $p_k(\underline{x})$. Die Konjunktion zweier Produktterme ist dann 0, d.h. $p_k(\underline{x}) = 0$, wenn bei $i = j$ das Axiom $x_i \wedge \bar{x}_j = 0$ vorkommt, z.B. $x_1 \wedge \bar{x}_1$.

Theorem 5.3. (Konjunktion von Produkttermen)

$$p_k(\underline{x}) = p_i(\underline{x}) \wedge p_j(\underline{x}) = \bigwedge_{i=1}^{n} x_i \wedge \bigwedge_{j=1}^{n'} x_j = (x_1 \cdot x_2 \ldots \cdot x_n)_i \wedge (x_1 \cdot x_2 \ldots \cdot x_n)_j \tag{5.3}$$

■

Mit der Vollständigen Induktion unter Abschnitt 8.1 im Anhang wird die allgemeine Gültigkeit der Formel 5.3 belegt. Mit einem einfachen Beispiel 5.1 wird nachfolgend ihre Anwendung gezeigt.

Beispiel 5.1. (Zwei Produktterme $p_{1,2}(\underline{x})$ verunden)
Gegeben sind zwei Produktterme $p_1(\underline{x}) = x_1 x_2$ und $p_2(\underline{x}) = x_1 x_3 x_4$, die miteinander verundet werden.

$$p_1(\underline{x}) \wedge p_2(\underline{x}) = x_1 x_2 \wedge x_1 x_3 x_4 = x_1 x_2 \cdot x_1 x_3 x_4 = x_1 x_2 x_3 x_4$$

Zudem wird das Beispiel mit folgenden KV-Diagrammen zur Veranschaulichung unterstützt. Das Ergebnis ist ein gemeinsamer Block, der aus der Schnittmenge zwischen den beiden Produkttermen resultiert (Bild 5.1).

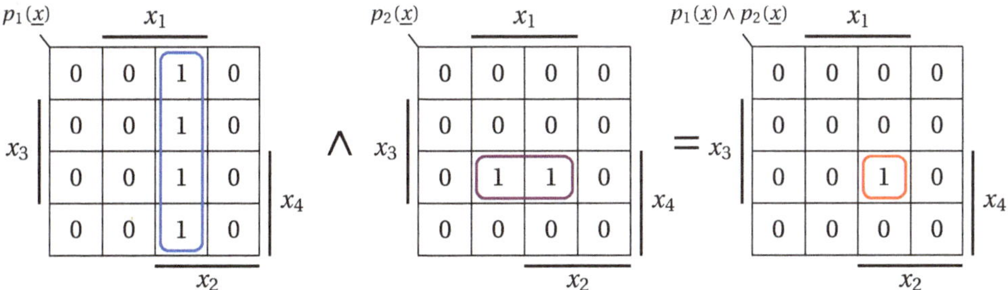

Bild 5.1 Beispiel 5.1 in KV-Diagrammen

5.2.2 Verunden zweier Summenterme

Die Konjunktion zweier Summenterme $s_{i,j}(\underline{x})$ mit $n, n' \in \mathbb{N}$ führt zur einer Funktion der konjunktiven Form $f_{KF}(\underline{x})$ bestehend aus diesen zwei Summentermen, welche jedoch mit der Umwandlungsgleichung von Formel 5.2 wieder in Summenterme umgewandelt wird.

Theorem 5.4. (Konjunktion von Summentermen)

$$f_{KF}(\underline{x}) = s_i(\underline{x}) \wedge s_j(\underline{x}) = \bigvee_{i=1}^{n} x_i \wedge \bigvee_{j=1}^{n'} x_j = (x_1 \vee \ldots \vee x_n)_i \wedge (x_1 \vee \ldots \vee x_n)_j \tag{5.4}$$

Die Allgemeingültigkeit der Formel 5.4 wird im Abschnitt 8.2 bewiesen. Zusätzlich wird hierbei auch mithilfe eines einfachen Beispiels ihre Anwendung dargelegt.

Beispiel 5.2. (Zwei Summenterme verunden)
Gegeben sind zwei Summenterme $s_1(\underline{x}) = (x_1 \vee x_2)$ und $s_2(\underline{x}) = (x_1 \vee \bar{x}_3 \vee x_4)$, die miteinander verundet werden:

$$\begin{aligned} s_1(\underline{x}) \wedge s_2(\underline{x}) &= (x_1 \vee x_2) \wedge (x_1 \vee \bar{x}_3 \vee x_4) \\ &= x_1 x_1 \vee x_1 x_2 \vee x_1 \bar{x}_3 \vee x_2 \bar{x}_3 \vee x_1 x_4 \vee x_2 x_4 \\ &= x_1 \vee x_1 x_2 \vee x_1 \bar{x}_3 \vee x_2 \bar{x}_3 \vee x_1 x_4 \vee x_2 x_4 \\ &\overset{Absorbtionsregel}{=} x_1 \vee x_2 \bar{x}_3 \vee x_2 x_4 \rightarrow (x_1 \vee x_2) \wedge (x_1 \vee \bar{x}_3 \vee x_4) \end{aligned}$$

Das Beispiel wird mit folgenden KV-Diagrammen visualisiert. Dabei wird die Schnittmenge der Menge an 1er des ersten Summenterms (hier blau) und des zweiten Summenterms (hier violett) gebildet. Somit entsteht ein Ergebnis aus drei größtmöglichen Blöcken, welche die restlichen Einsen aus der Schnittmenge abdecken (Bild 5.2).

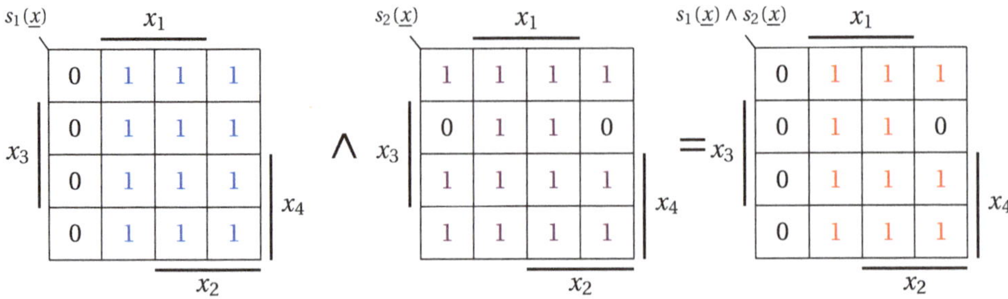

Bild 5.2 Beispiel 5.2 in KV-Diagrammen

5.2.3 Verunden zweier DFen

Für die Konjunktion zweier beliebiger Funktionen der disjunktiven Form $f_{k,l}(\underline{x})$ mit $\dot{n}, \dot{n}' \in \mathbb{N}$ gilt Formel 5.5. Ihre Allgemeingültigkeit wird mit dem Abschnitt 8.3 bewiesen.

Theorem 5.5. (Konjunktion zweier DFen)

$$\begin{aligned} f_k(\underline{x}) \wedge f_l(\underline{x}) &= \bigvee_{k=1}^{\dot{n}} p_k(\underline{x}) \wedge \bigvee_{l=1}^{\dot{n}'} p_l(\underline{x}) = \left(\bigvee_{k=1}^{\dot{n}} \bigvee_{l=1}^{\dot{n}'} (p_k(\underline{x}) \wedge p_l(\underline{x})) \right) \\ &= \bigvee_{k=1}^{\dot{n}} \bigwedge_{i=1}^{n} x_{i,k} \wedge \bigvee_{l=1}^{\dot{n}'} \bigwedge_{j=1}^{n'} x_{j,l} = \left(\bigvee_{k=1}^{\dot{n}} \bigvee_{l=1}^{\dot{n}'} \left(\bigwedge_{i=1}^{n} x_{i,k} \wedge \bigwedge_{j=1}^{n} x_{j,l} \right) \right) \\ &= \bigvee_{k=1}^{\dot{n}} (x_{1,k} \cdot \ldots \cdot x_{n,k})_i \wedge \bigvee_{l=1}^{\dot{n}'} (x_{1,l} \cdot \ldots \cdot x_{n',l})_j \end{aligned} \tag{5.5}$$

■

Das Beispiel 5.3 zeigt eine Anwendung der Formel 5.5.

Beispiel 5.3. (Zwei DFen verunden)
Gegeben sind zwei Funktionen $f_1(\underline{x}) = x_1x_2 \vee x_3x_4$ und $f_2(\underline{x}) = x_1\bar{x}_3x_4 \vee x_1x_2$, die miteinander verundet werden:

$$\begin{aligned} f_1(\underline{x}) \wedge f_2(\underline{x}) &= (x_1x_2 \vee x_3x_4) \wedge (x_1\bar{x}_3x_4 \vee x_1x_2) \\ &= x_1x_2 \cdot x_1\bar{x}_3x_4 \vee x_1x_2 \cdot x_1x_2 \vee x_3x_4 \cdot x_1\bar{x}_3x_4 \vee x_3x_4 \cdot x_1x_2 \\ &= x_1x_2\bar{x}_3x_4 \vee x_1x_2 \vee x_1x_2x_3x_4 \\ &= x_1x_2 \end{aligned}$$

Die Berechnung wird mit der Unterstützung von KV-Diagrammen veranschaulicht. Das Ergebnis ist die Menge der Einsen die sowohl in der Funktion $f_1(\underline{x})$ als auch $f_2(\underline{x})$ an derselben Position enthalten sind (Bild 5.3).

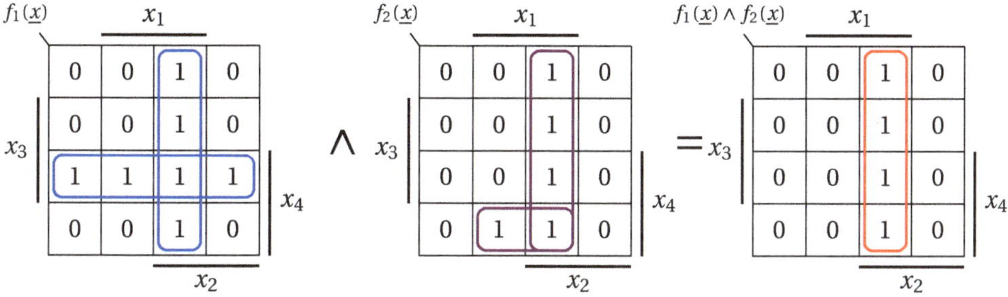

Bild 5.3 Beispiel 5.3 in KV-Diagrammen

5.2.4 Verunden zweier KFen

Die Konjunktion zweier beliebiger Funktionen $f_{k,l}(\underline{x})$ der konjunktiven Form wird mit der Formel 5.6 ermittelt. Die Anzahl der Summenterme einer Funktion ist mit $\dot{n}$ bzw. $\dot{n}'$ abgebildet. Ihre Allgemeingültigkeit liegt mit dem Abschnitt 8.4 vor. Das Verunden zweier KF führt zur einer neuen KF.

Theorem 5.6. (Konjunktion zweier KFen)

$$\begin{aligned} f_k(\underline{x}) \wedge f_l(\underline{x}) &= \bigwedge_{k=1}^{\dot{n}} s_k(\underline{x}) \wedge \bigwedge_{l=1}^{\dot{n}'} s_l(\underline{x}) = \left(\bigwedge_{k=1}^{\dot{n}} \bigwedge_{l=1}^{\dot{n}'} \left(s_k(\underline{x}) \wedge s_l(\underline{x})\right)\right) \\ &= \bigwedge_{k=1}^{\dot{n}} \bigvee_{i=1}^{n} x_{i,k} \wedge \bigwedge_{l=1}^{\dot{n}'} \bigvee_{j=1}^{n'} x_{j,l} = \left(\bigwedge_{k=1}^{\dot{n}} \bigwedge_{l=1}^{\dot{n}'} \left(\bigvee_{i=1}^{n} x_{i,k} \wedge \bigvee_{j=1}^{n} x_{j,l}\right)\right) \\ &= \bigwedge_{k=1}^{\dot{n}} (x_{1,k} \vee \ldots \vee x_{n,k})_i \wedge \bigwedge_{l=1}^{\dot{n}'} (x_{1,l} \vee \ldots \vee x_{n',l})_j \end{aligned} \tag{5.6}$$

Im Beispiel 5.4 wird eine Anwendung der Formel 5.6 gezeigt.

Beispiel 5.4. (Zwei KFen verunden)
Gegeben sind zwei Funktionen $f_1(\underline{x}) = (x_1 \vee x_2) \wedge (x_3 \vee x_4)$ und $f_2(\underline{x}) = (x_1 \vee \bar{x}_3 \vee x_4) \wedge (x_1 \vee x_2)$, die miteinander verundet werden:

$$\begin{aligned} f_1(\underline{x}) \wedge f_2(\underline{x}) &= \left((x_1 \vee x_2) \wedge (x_3 \vee x_4)\right) \wedge \left((x_1 \vee \bar{x}_3 \vee x_4) \wedge (x_1 \vee x_2)\right) \\ &= (x_1 \vee x_2) \wedge (x_3 \vee x_4) \wedge (x_1 \vee \bar{x}_3 \vee x_4) \\ &= x_1 x_3 \vee x_1 x_4 \vee x_2 x_3 \end{aligned}$$

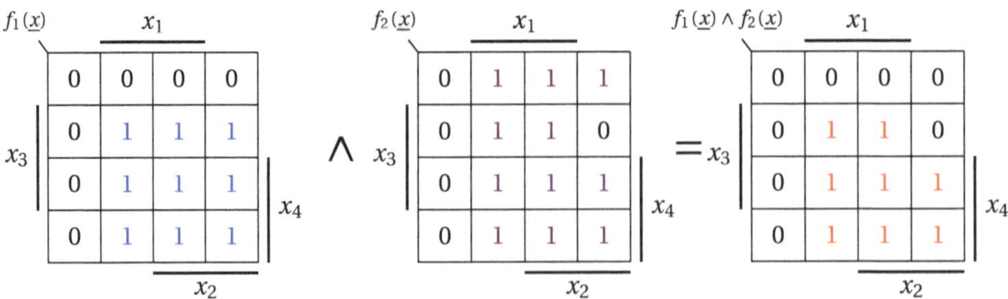

Bild 5.4 Beispiel 5.4 in KV-Diagrammen

5.3 Das Verodern

5.3.1 Verodern zweier Produktterme

Das Verodern bzw. die Disjunktion zweier Produkterme $p_{i,j}(\underline{x})$ mit $n, n' \in \mathbb{N}$ ergibt eine Funktion der disjunktiven Form $f_{DF}(\underline{x})$ bestehend aus diesen beiden Produkttermen, solange keiner der beiden Produktterme der 0 entspricht. Gegebenenfalls dürfen auch Produktterme absolviert werden, wenn die Möglichkeit vorhanden ist. In diesem Fall entsteht bei der Veroderung ein neuer Produktterm.

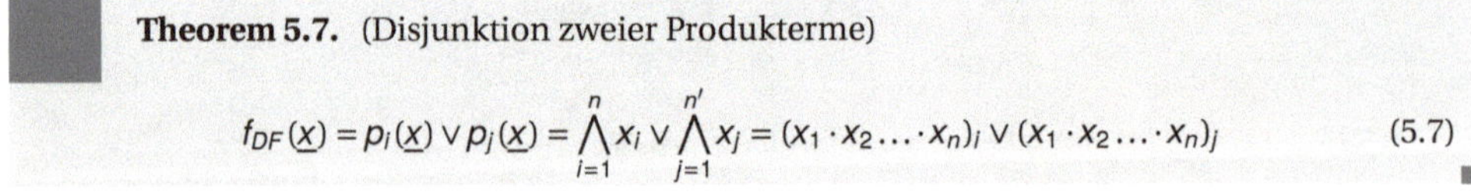

Theorem 5.7. (Disjunktion zweier Produkterme)

$$f_{DF}(\underline{x}) = p_i(\underline{x}) \vee p_j(\underline{x}) = \bigwedge_{i=1}^{n} x_i \vee \bigwedge_{j=1}^{n'} x_j = (x_1 \cdot x_2 \ldots \cdot x_n)_i \vee (x_1 \cdot x_2 \ldots \cdot x_n)_j \tag{5.7}$$

Die Begründung der Allgemeingültigkeit der Formel 5.7 wird im Abschnitt 8.5 erbracht. Zudem wird mit dem Beispiel 5.5 ihre Anwendung gezeigt.

Beispiel 5.5. (Zwei Produktterme verodern)
Gegeben sind zwei Produktterme $p_1(\underline{x}) = x_1 x_2$ und $p_2(\underline{x}) = x_1 x_3 x_4$, die verodert werden.

$$p_1(\underline{x}) \vee p_2(\underline{x}) = x_1 x_2 \vee x_1 x_3 x_4$$

Die folgenden KV-Diagramme bilden diese Operation ab. Das Ergebnis ist die gesamte Menge beider Blöcke (Bild 5.5).

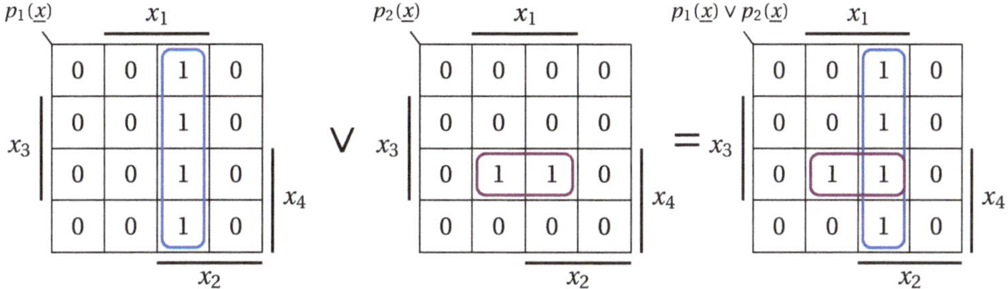

Bild 5.5 Beispiel 5.5 in KV-Diagrammen

5.3.2 Verodern zweier Summenterme

Die Disjunktion zweier Summenterme $s_{i,j}(\underline{x})$ mit $n, n' \in \mathbb{N}$ ergibt einen neuen Summenterm $s_k(\underline{x})$:

Theorem 5.8. (Disjunktion von Summentermen)

$$s_k(\underline{x}) = s_i(\underline{x}) \vee s_j(\underline{x}) = \bigvee_{i=1}^{n} x_i \vee \bigvee_{j=1}^{n'} x_j = (x_1 \vee \ldots \vee x_n)_i \vee (x_1 \vee \ldots \vee x_n)_j \tag{5.8}$$

Die Disjunktion zweier Summenterme ist dann 1, d.h. $s_k(\underline{x}) = 1$, wenn bei $i = j$ das Axiom $x_i \vee \bar{x}_j = 0$ vorkommt. Durch die nachfolgende Vollständige Induktion wird die Allgemeingültigkeit der Formel 5.8 in Abschnitt 8.6 gezeigt. Ein einfaches Beispiel im Anschluss zeigt ihre Anwendung. KV-Diagramme unterstützen dabei das Beispiel.

Beispiel 5.6. (Zwei Summenterme verodern)
Gegeben sind zwei Summenterme $s_1(\underline{x}) = (x_1 \vee x_2)$ und $s_2(\underline{x}) = (x_1 \vee \bar{x}_3 \vee x_4)$, die verodert werden:

$$s_1(\underline{x}) \vee s_2(\underline{x}) = (x_1 \vee x_2) \vee (x_1 \vee \bar{x}_3 \vee x_4) = (x_1 \vee x_2 \vee \bar{x}_3 \vee x_4)$$

Dabei resultiert eine Gesamtmenge an Einsen, welche die Vereinigung der Einser aus Summenterm $s_1(\underline{x})$ und der Einser aus Summenterm $s_2(\underline{x})$ entspricht (Bild 5.6).

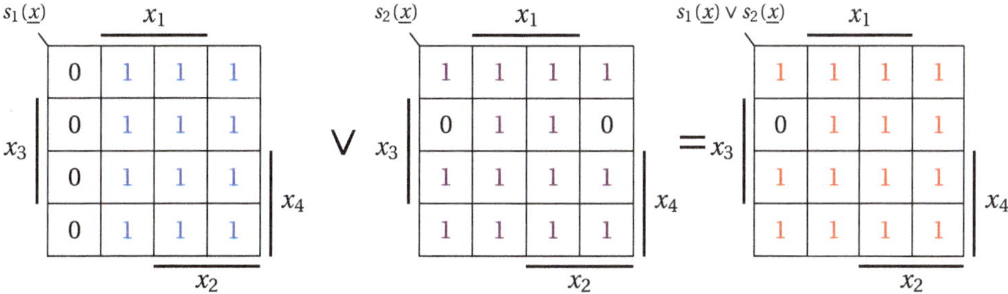

Bild 5.6 Beispiel 5.6 in KV-Diagrammen

5.3.3 Verodern zweier DFen

Die Disjunktion zweier beliebiger Funktionen $f_{k,l}(\underline{x})$ mit $\dot{n}, \dot{n}' \in \mathbb{N}$ der disjunktiven Form erfolgt mit der Formel 5.9. Ihre Allgemeingültigkeit liegt mit dem Abschnitt 8.7 vor. Das Verodern zweier DFen führt zur einer neuen DF, welche alle Produktterme beider Funktionen beinhaltet. Auch hier darf bei Möglichkeit absolviert werden, so dass die Anzahl der Produktterme damit reduziert wird.

Theorem 5.9. (Disjunktion zweier DFen)

$$f_k(\underline{x}) \vee f_l(\underline{x}) = \bigvee_{k=1}^{\dot{n}} p_k(\underline{x}) \vee \bigvee_{l=1}^{\dot{n}'} p_l(\underline{x}) = \left(\bigvee_{k=1}^{\dot{n}} \bigvee_{l=1}^{\dot{n}'} (p_k(\underline{x}) \vee p_l(\underline{x})) \right) \tag{5.9}$$

$$= \bigvee_{k=1}^{\dot{n}} \bigwedge_{i=1}^{n} x_{i,k} \vee \bigvee_{l=1}^{\dot{n}'} \bigwedge_{j=1}^{n'} x_{j,l} = \left(\bigvee_{k=1}^{\dot{n}} \bigvee_{l=1}^{\dot{n}'} \left(\bigwedge_{i=1}^{n} x_{i,k} \vee \bigwedge_{j=1}^{n} x_{j,l} \right) \right)$$

$$= \bigvee_{k=1}^{\dot{n}} (x_{1,k} \cdot \ldots \cdot x_{n,k})_i \vee \bigvee_{l=1}^{\dot{n}'} (x_{1,l} \cdot \ldots \cdot x_{n',l})_j$$

■

Im Beispiel 5.7 wird die Anwendung der Formel 5.9 vorgeführt.

Beispiel 5.7. (Zwei DFen verodern)
Gegeben sind zwei Funktionen $f_1(\underline{x}) = x_1x_2 \vee x_3x_4$ und $f_2(\underline{x}) = x_1\bar{x}_3x_4 \vee x_1x_2$, die verodert werden:

$$\begin{aligned} f_1(\underline{x}) \vee f_2(\underline{x}) &= (x_1x_2 \vee x_3x_4) \vee (x_1\bar{x}_3x_4 \vee x_1x_2) \\ &= x_1x_2 \vee x_3x_4 \vee x_1\bar{x}_3x_4 \vee x_1x_2 \\ &= x_1x_2 \vee x_3x_4 \vee x_1\bar{x}_3x_4 \end{aligned}$$

In den folgenden KV-Diagrammen wird die Berechnung visualisiert. Das Ergebnis ist die Menge aller Blöcke beider Funktionen $f_1(\underline{x})$ und $f_2(\underline{x})$ (Bild 5.7).

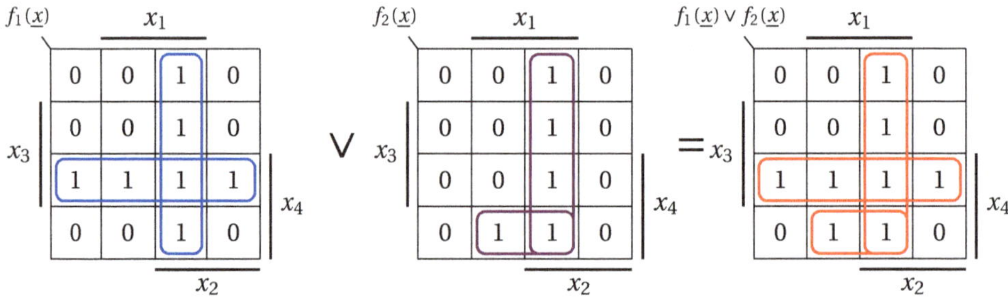

Bild 5.7 Beispiel 5.7 in KV-Diagrammen

5.3.4 Verodern zweier KFen

Die Disjunktion zweier beliebiger Funktionen der konjunktiven Form wird mit der Formel 5.10 ermittelt. Die Anzahl der Summenterme einer Funktion ist mit $\dot{n}$ bzw. $\dot{n}'$ abgebildet. Ihre Allgemeingültigkeit liegt mit der Vollständigen Induktion (Abschnitt 8.8) vor.

Theorem 5.10. (Disjunktion zweier KFen)

$$f_k(\underline{x}) \vee f_l(\underline{x}) = \bigwedge_{k=1}^{\dot{n}} s_k(\underline{x}) \vee \bigwedge_{l=1}^{\dot{n}'} s_l(\underline{x}) = \left(\bigwedge_{k=1}^{\dot{n}} \bigwedge_{l=1}^{\dot{n}'} (s_k(\underline{x}) \vee s_l(\underline{x})) \right) \tag{5.10}$$

$$= \bigwedge_{k=1}^{\dot{n}} \bigvee_{i=1}^{n} x_{i,k} \vee \bigwedge_{l=1}^{\dot{n}'} \bigvee_{j=1}^{n'} x_{j,l} = \left(\bigwedge_{k=1}^{\dot{n}} \bigwedge_{l=1}^{\dot{n}'} \left(\bigvee_{i=1}^{n} x_{i,k} \vee \bigvee_{j=1}^{n} x_{j,l} \right) \right)$$

$$= \bigwedge_{k=1}^{\dot{n}} (x_{1,k} \vee \ldots \vee x_{n,k})_i \vee \bigwedge_{l=1}^{\dot{n}'} (x_{1,l} \vee \ldots \vee x_{n',l})_j$$

■

Die Formel 5.10 wird mit dem Beispiel 5.8 illustriert.

Beispiel 5.8. (Zwei KFen verodern)
Gegeben sind zwei Funktionen $f_1(\underline{x}) = (x_1 \vee x_2) \wedge (x_3 \vee x_4)$ und $f_2(\underline{x}) = (x_1 \vee \bar{x}_3 \vee x_4) \wedge (x_1 \vee x_2)$, die verodert werden:

$$f_1(\underline{x}) \vee f_2(\underline{x}) = \big((x_1 \vee x_2) \wedge (x_3 \vee x_4)\big) \vee \big((x_1 \vee \bar{x}_3 \vee x_4) \wedge (x_1 \vee x_2)\big)$$
$$= \ldots = x_1 \vee x_2 x_4 \vee \underbrace{x_2 \bar{x}_3 \vee x_2 x_3}_{x_2} = (x_1 \vee x_2)$$

In den folgenden KV-Diagrammen wird die Berechnung visualisiert. Das Ergebnis ist die Menge aller Blöcke beider Funktionen $f_1(\underline{x})$ und $f_2(\underline{x})$ (Bild 5.8).

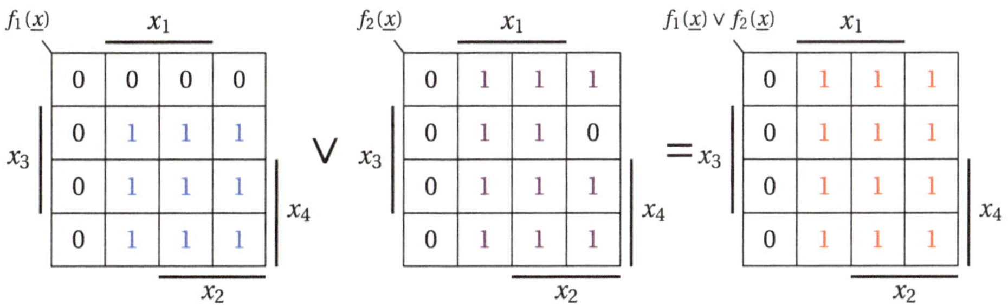

Bild 5.8 Beispiel 5.8 in KV-Diagrammen

5.4 Das Negieren

5.4.1 Negieren eines Produkttermes

Das Negieren eines Produktermes $p_i(\underline{x})$ erfolgt durch das Auflösen der einzelnen Konjunktionen in Disjunktionen, wobei das Komplement aller einzelnen Variablen gleichzeitig gebildet wird:

Definition 5.1. (Negieren eines Produkttermes)

$$\overline{p_i(\underline{x})} = \overline{\bigwedge_{i=1}^{n} x_i} = \bigvee_{i=1}^{n} \bar{x}_i \quad (5.11)$$

$$\overline{p_i(\underline{x})} = \overline{x_1 \cdot x_2 \cdot \ldots \cdot x_n} = \bar{x}_1 \vee \bar{x}_2 \vee \ldots \vee \bar{x}_n \quad (5.12)$$

Anschließend wird mit dem Beispiel 5.9 die Anwendung der Formel 5.11 vorgestellt.

Beispiel 5.9. (Negieren eines Produktermes)
Gegeben ist ein Produktterm $p_1(\underline{x}) = x_1 x_2$, welcher negiert wird.

$$\overline{p_1(\underline{x})} = \overline{x_1 x_2} = \bar{x}_1 \vee \bar{x}_2$$

In den folgenden KV-Diagrammen werden $p_1(\underline{x})$ und $\overline{p_1(\underline{x})}$ abgebildet (Bild 5.9).

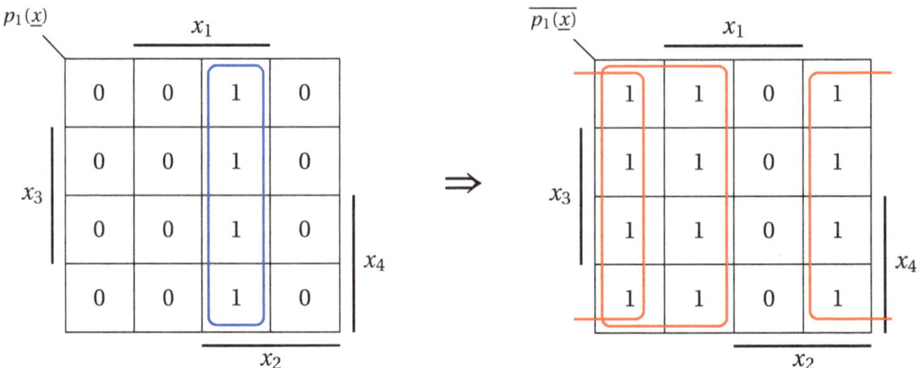

Bild 5.9 Beispiel 5.9 in KV-Diagrammen

5.4.2 Negieren eines Summentermes

Das Negieren eines Summentermes $s_i(\underline{x})$ erfolgt durch das Auflösen der einzelnen Disjunktionen in Konjunktionen, wobei das Komplement aller einzelnen Variablen gleichzeitig gebildet wird:

Definition 5.2. (Negieren eines Summentermes)

$$\overline{s_i(\underline{x})} = \overline{\bigvee_{i=1}^{n} x_i} = \bigwedge_{i=1}^{n} \bar{x}_i \qquad (5.13)$$

$$\overline{s_i(\underline{x})} = \overline{x_1 \vee x_2 \vee \ldots \vee x_n} = \bar{x}_1 \cdot \bar{x}_2 \cdot \ldots \cdot \bar{x}_n \qquad (5.14)$$

Im nachfolgenden Beispiel 5.10 wird die Anwendung der Formel 5.14 gezeigt.

Beispiel 5.10. (Negieren eines Summentermes)
Gegeben ist ein Summenterm $s_1(\underline{x}) = x_1 \vee x_2$, welcher negiert wird.

$$\overline{s_1(\underline{x})} = \overline{x_1 \vee x_2} = \bar{x}_1 \bar{x}_2$$

In den KV-Diagrammen (Bild 5.10) sind $s_1(\underline{x})$ und $\overline{s_1(\underline{x})}$ abgebildet.

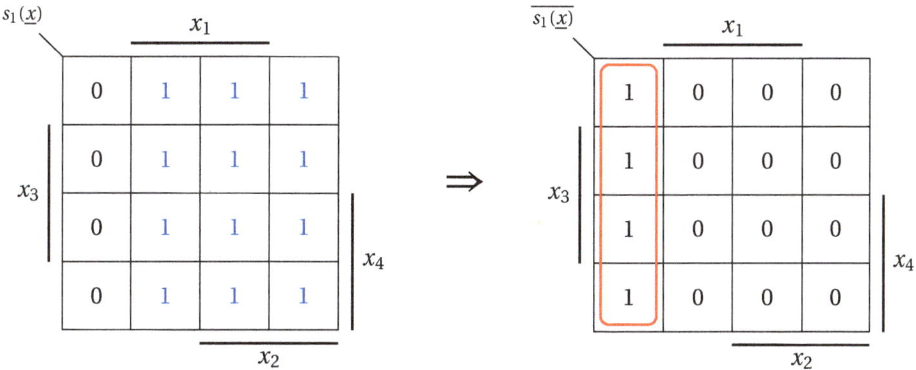

Bild 5.10 Beispiel 5.10 in KV-Diagrammen

5.4.3 Negieren einer DF

Beim Negieren einer disjunktiven Form werden die einzelnen Produktterme zu Summentermen durch Umformen der Konjunktion zu Disjunktion umgewandelt, wobei das Komplement ihrer Variablen gleichzeitig gebildet wird und zudem die Disjunktionen zwischen den Produkttermen mit Konjunktionen ersetzt werden.

Definition 5.3. (Negieren einer DF)

$$\overline{f_k(\underline{x})} = \overline{\bigvee_{k=1}^{\dot{n}} \bigwedge_{i=1}^{n} x_{i,k}} = \bigwedge_{k=1}^{\dot{n}} \bigvee_{i=1}^{n} \bar{x}_{i,k} \qquad (5.15)$$

Die Anwendung der Formel 5.15 wird im Beispiel 5.11 gezeigt.

Beispiel 5.11. (Negieren einer DF)
Gegeben ist die Funktion $f_1(\underline{x}) = x_1 x_2 \vee x_3 x_4$, die negiert wird.

$$\overline{f_1(\underline{x})} = \overline{x_1 x_2 \vee x_3 x_4} = (\bar{x}_1 \vee \bar{x}_2) \wedge (\bar{x}_3 \vee \bar{x}_4)$$
$$= \bar{x}_1 \bar{x}_3 \vee \bar{x}_1 \bar{x}_4 \vee \bar{x}_2 \bar{x}_3 \vee \bar{x}_2 \bar{x}_4$$

In den folgenden KV-Diagrammen werden $f_1(\underline{x})$ und $\overline{f_1(\underline{x})}$ abgebildet (Bild 5.11).

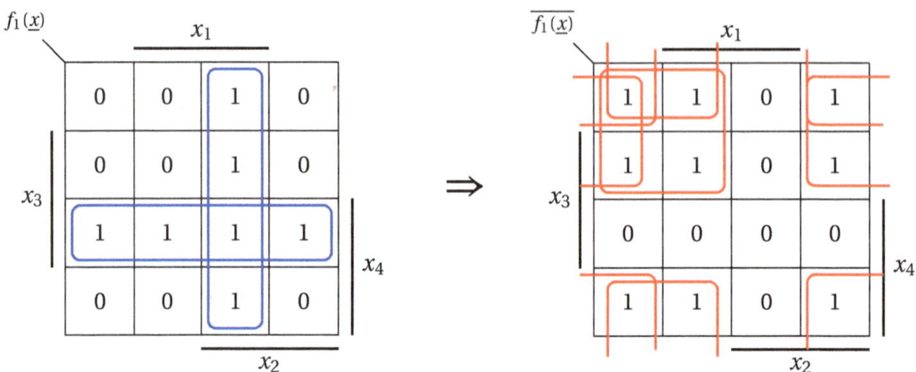

Bild 5.11 Beispiel 5.11 in KV-Diagrammen

5.4.4 Negieren einer KF

Beim Negieren einer konjunktiven Form werden die einzelnen Summenterme zu Produkttermen geformt und zugleich das Komplement ihrer Variablen gebildet; zusätzlich werden die Konjunktionen zwischen den Summentermen zu Disjunktionen umgeformt.

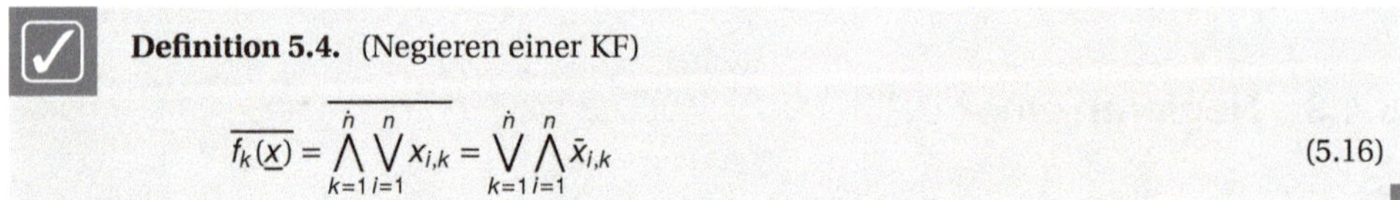

Definition 5.4. (Negieren einer KF)

$$\overline{f_k(\underline{x})} = \overline{\bigwedge_{k=1}^{n} \bigvee_{i=1}^{n} x_{i,k}} = \bigvee_{k=1}^{n} \bigwedge_{i=1}^{n} \bar{x}_{i,k} \quad (5.16)$$

Die Anwendung der Formel 5.16 wird im Beispiel 5.12 vorgeführt.

Beispiel 5.12. (Negieren einer KF)
Gegeben ist die Funktion $f_1(\underline{x}) = (x_1 \vee x_2) \wedge (x_3 \vee x_4)$, welche negiert wird.

$$\overline{f_1(\underline{x})} = \overline{(x_1 \vee x_2) \wedge (x_3 \vee x_4)} = (\bar{x}_1 \cdot \bar{x}_2) \vee (\bar{x}_3 \cdot \bar{x}_4)$$
$$= (\bar{x}_1 \vee \bar{x}_3) \wedge (\bar{x}_1 \vee \bar{x}_4) \wedge (\bar{x}_2 \vee \bar{x}_3) \wedge (\bar{x}_2 \vee \bar{x}_4)$$

In den folgenden KV-Diagrammen werden $f_1(\underline{x})$ und $\overline{f_1(\underline{x})}$ abgebildet (Bild 5.12).

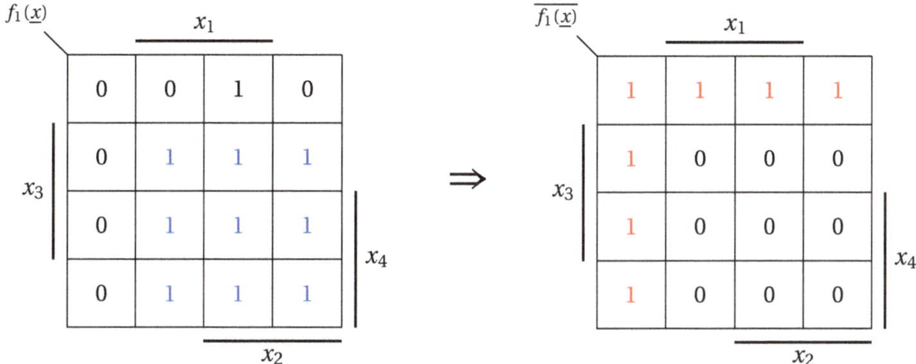

Bild 5.12 Beispiel 5.12 in KV-Diagrammen

5.5 Die Differenzbildung

5.5.1 Differenz zweier Produktterme

Die Differenz eines Produkttermes $p_m(\underline{x})$ als Minuend und eines zweiten Produkttermes $p_s(\underline{x})$ als Subtrahend wird durch die Konjunktion des Minuenden mit dem Negierten des Subtrahenden gebildet, was mittels der Isomorphie abgeleitet wird. Das Negieren wird mit der Anwendung der Formel 5.11 durchgeführt. Dadurch resultiert ein Ergebnis aus mindestens einem Produktterm, solange der Minuend nicht dem Subtrahenden gleich ist. In diesem Fall ist das Ergebnis gleich 0. Die Allgemeingültigkeit des Formel 5.17 wird im Abschnitt 8.9 erbracht.

Theorem 5.11. (Differenz zweier Produktterme $p_{m,s}(\underline{x})$)

$$p_m(\underline{x}) - p_s(\underline{x}) = \bigwedge_{m=1}^{n} x_m - \bigwedge_{s=1}^{n'} x_s = \bigwedge_{m=1}^{n} x_m \wedge \overline{\bigwedge_{s=1}^{n'} x_s} \tag{5.17}$$

$$= \bigwedge_{m=1}^{n} x_m \wedge \bigvee_{s=1}^{n'} \bar{x}_s = (x_1 \cdot \ldots \cdot x_n)_m \wedge (\bar{x}_1 \vee \ldots \vee \bar{x}_n)_s$$

Das nachfolgende Beispiel veranschaulicht die Anwendung der Formel 5.17.

Beispiel 5.13. (Differenzberechnung zweier Produktterme)
Vom Minuenden $p_1(\underline{x}) = x_4$ wird der Subtrahend $p_2(\underline{x}) = x_1 x_2 x_3$ abgezogen.

$$\begin{aligned} p_1(\underline{x}) - p_2(\underline{x}) &= x_4 - x_1 x_2 x_3 \\ &= x_4 \wedge \overline{x_1 x_2 x_3} \\ &= x_4 \wedge (\bar{x}_1 \vee \bar{x}_2 \vee \bar{x}_3) \\ &= \bar{x}_3 x_4 \vee \bar{x}_2 x_4 \vee \bar{x}_1 x_4 \end{aligned}$$

Das Ergebnis der Differenz beinhaltet drei Produktterme, welche die restlichen Einsen mit den größtmöglichen Blöcken in einem KV-Diagramm abdecken (Bild 5.13). Hier sind es drei größtmögliche 4er-Blöcke (rot, braun, grün), die alle Einsen der Differenz abdecken und sich überschneiden, d.h. nicht orthogonal zu einander sind.

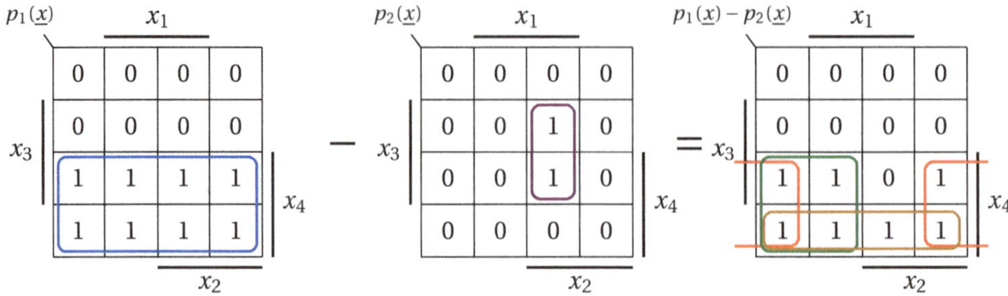

Bild 5.13 Beispiel 5.13 in KV-Diagrammen

5.5.2 Differenz zweier Summenterme

Die Differenz eines Summentermes $s_m(\underline{x})$ als Minuend und eines zweiten Summentermes $s_s(\underline{x})$ als Subtrahend erfolgt durch die Konjunktion des Minuenden mit dem Negierten des Subtrahenden. Der Beweis der Allgemeingültigkeit der Formel 5.19 wird mit der Vollständigen Induktion im Abschnitt 8.10 gezeigt.

Theorem 5.12. (Differenz zweier Summenterme $s_{m,s}(\underline{x})$)

$$s_m(\underline{x}) - s_s(\underline{x}) = \bigvee_{m=1}^{n} x_m - \bigvee_{s=1}^{n'} x_s = \bigvee_{m=1}^{n} x_m \wedge \overline{\bigvee_{s=1}^{n'} x_s} \tag{5.18}$$

$$= \bigvee_{m=1}^{n} x_m \wedge \bigwedge_{s=1}^{n'} \bar{x}_s = (x_1 \vee \ldots \vee x_n)_m \wedge (\bar{x}_1 \cdot \ldots \cdot \bar{x}_n)_s$$

■

Das nachfolgende Beispiel veranschaulicht die Anwendung der Formel 5.19.

Beispiel 5.14. (Differenzberechnung zweier Produktterme)
Vom Minuenden $s_1(\underline{x}) = x_4$ wird der Subtrahend $s_2(\underline{x}) = (x_1 \vee x_2 \vee x_3)$ abgezogen.

$$\begin{aligned} s_1(\underline{x}) - s_2(\underline{x}) &= x_4 - (x_1 \vee x_2 \vee x_3) \\ &= x_4 \wedge \overline{(x_1 \vee x_2 \vee x_3)} \\ &= x_4 \wedge (\bar{x}_1 \cdot \bar{x}_2 \cdot \bar{x}_3) \\ &= \bar{x}_1 \bar{x}_2 \bar{x}_3 x_4 \end{aligned}$$

Die Einsen des Subtrahenden werden von dem Minuenden entfernt, somit entsteht eine Differenz, die eine einzige 1, d.h. der kleinstmöglichste Term, abdeckt (Bild 5.14).

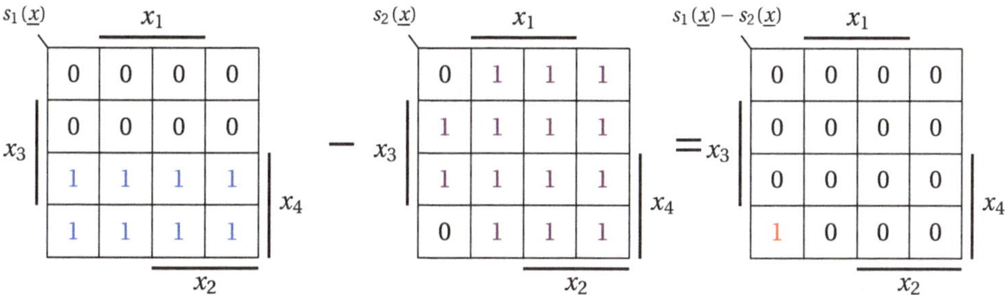

Bild 5.14 Beispiel 5.14 in KV-Diagrammen

5.5.3 Differenz zweier DF

Die Differenz einer DF $f_m(\underline{x})$ als Minuend und eines zweiten DFs $f_s(\underline{x})$ als Subtrahend wird durch die Konjunktion des Minuenden mit dem Negierten des Subtrahenden durchgeführt. Die Allgemeingültigkeit der Formel 5.20 wird im Abschnitt 8.11 erbracht.

Theorem 5.13. (Differenz zweier DF)

$$
\begin{aligned}
f_m(\underline{x}) - f_s(\underline{x}) &= \bigvee_{m=1}^{\hbar} p_m(\underline{x}) - \bigvee_{s=1}^{\hbar'} p_s(\underline{x}) = \bigvee_{m=1}^{\hbar} p_m(\underline{x}) \wedge \overline{\bigvee_{s=1}^{\hbar'} p_s(\underline{x})} \qquad (5.19)\\
&= \bigvee_{m=1}^{\hbar} p_m(\underline{x}) \wedge \bigwedge_{s=1}^{\hbar'} \overline{p_s(\underline{x})} = \bigvee_{m=1}^{\hbar}\bigwedge_{i=1}^{n} x_{i,m} \wedge \overline{\bigwedge_{s=1}^{\hbar'}\bigwedge_{j=1}^{n'} x_{j,s}}\\
&= \bigvee_{m=1}^{\hbar}\bigwedge_{i=1}^{n} x_{i,m} \wedge \bigwedge_{s=1}^{\hbar'}\bigvee_{j=1}^{n'} \bar{x}_{j,s} = \bigvee_{m=1}^{\hbar}\bigwedge_{s=1}^{\hbar'}\left(\bigwedge_{i=1}^{n} x_{i,m} \wedge \bigvee_{j=1}^{n} \bar{x}_{j,s}\right)
\end{aligned}
$$

Das nachfolgende Beispiel veranschaulicht die Anwendung der Formel 5.20.

Beispiel 5.15. (Differenzberechnung zweier DFen)
Gegeben sind zwei Funktionen $f_1(\underline{x}) = (x_1x_2 \vee x_3x_4)$ und $f_2(\underline{x}) = (x_1\bar{x}_3x_4 \vee x_1x_2)$. Zu berechnen ist ihre Differenz.

$$
\begin{aligned}
f_1(\underline{x}) - f_2(\underline{x}) &= (x_1x_2 \vee x_3x_4) - (x_1\bar{x}_3x_4 \vee x_1x_2)\\
&= (x_1x_2 \vee x_3x_4) \wedge \overline{(x_1\bar{x}_3x_4 \vee x_1x_2)}\\
&= \ldots = \bar{x}_1x_3x_4 \vee \bar{x}_2x_3x_4
\end{aligned}
$$

Das Ergebnis der Differenz beinhaltet zwei Produktterme, welche die restlichen Einsen mit den größtmöglichen Blöcken in einem KV-Diagramm abdeckt (Bild 5.15). Hier sind es zwei Blöcke, die sich überschneiden, d.h. nicht orthogonal bzw. disjunkt zu einander sind.

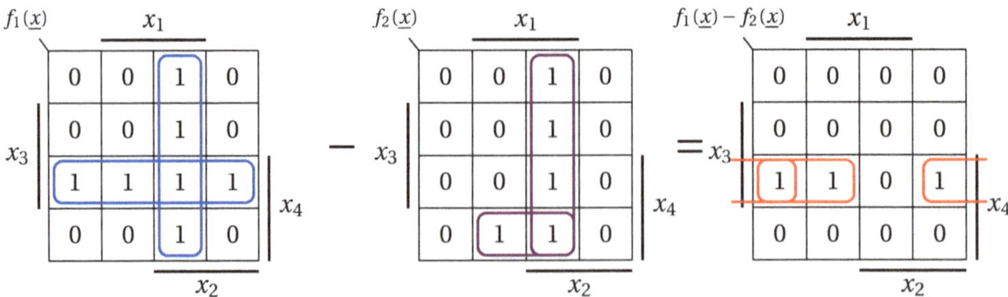

Bild 5.15 Beispiel 5.15 in KV-Diagrammen

5.5.4 Differenz zweier KF

Die Differenz zweier konjunktiver Formen KF wird mit der Gleichung aus dem folgenden Theorem 5.14 errechnet.

Theorem 5.14. (Differenz zweier KF)

$$\begin{aligned} f_m(\underline{x}) - f_s(\underline{x}) &= \bigwedge_{m=1}^{\acute{n}} s_m(\underline{x}) - \bigwedge_{s=1}^{\acute{n}'} s_s(\underline{x}) = \bigwedge_{m=1}^{\acute{n}} s_m(\underline{x}) \wedge \overline{\bigwedge_{s=1}^{\acute{n}'} s_s(\underline{x})} \\ &= \bigwedge_{m=1}^{\acute{n}} s_m(\underline{x}) \wedge \bigvee_{s=1}^{\acute{n}'} \overline{s_s(\underline{x})} = \bigwedge_{m=1}^{\acute{n}} \bigvee_{i=1}^{n} x_{i,m} \wedge \overline{\bigvee_{s=1}^{\acute{n}'} \bigvee_{j=1}^{n'} x_{j,s}} \\ &= \bigwedge_{m=1}^{\acute{n}} \bigvee_{i=1}^{n} x_{i,m} \wedge \bigvee_{s=1}^{\acute{n}'} \bigwedge_{j=1}^{n'} \bar{x}_{j,s} = \bigwedge_{m=1}^{\acute{n}} \bigvee_{s=1}^{\acute{n}'} \left(\bigvee_{i=1}^{n} x_{i,m} \wedge \bigwedge_{j=1}^{n} \bar{x}_{j,s}\right) \end{aligned} \tag{5.20}$$

Die Anwendung des Theorem 5.14 wird in dem nachfolgenden Beispiel illustriert.

Beispiel 5.16. (Differenzberechnung zweier KFen)
Gegeben sind zwei Funktionen $f_1(\underline{x}) = (x_1 \vee x_2) \wedge (x_3 \vee x_4)$ und $f_2(\underline{x}) = (x_1 \vee \bar{x}_3 \vee x_4) \wedge (x_1 \vee x_2)$, deren Differenz zu berechnen ist.

$$\begin{aligned} f_1(\underline{x}) - f_2(\underline{x}) &= (x_1 \vee x_2) \wedge (x_3 \vee x_4) - (x_1 \vee \bar{x}_3 \vee x_4) \wedge (x_1 \vee x_2) \\ &= ((x_1 \vee x_2) \wedge (x_3 \vee x_4)) \wedge \overline{(x_1 \vee \bar{x}_3 \vee x_4) \wedge (x_1 \vee x_2)} \\ &= ((x_1 \vee x_2) \wedge (x_3 \vee x_4)) \wedge (\bar{x}_1 x_3 \bar{x}_4 \vee \bar{x}_1 \bar{x}_2) \\ &= \ldots = \bar{x}_1 x_2 x_3 \bar{x}_4 \end{aligned}$$

Die Differenz aus beiden Funktionen ergibt einen kleinstmöglichen Block, der eine einzige 1 abdeckt und nur durch einen Produktterm abgebildet werden kann (Bild 5.16).

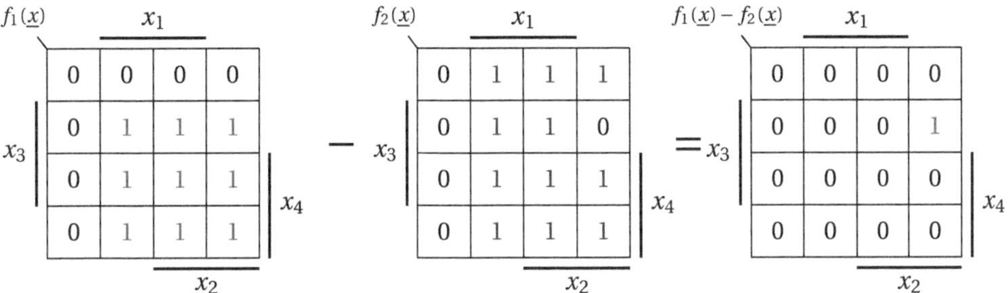

Bild 5.16 Beispiel 5.16 in KV-Diagrammen

6 Das Resolvieren

Mit dem Resolvieren werden zwei gleichartige Terme t_{i1} und t_{i2}, d.h. zwei Produkt- oder zwei Summenterme, zu einem Term t_i zusammengefasst, wenn gewisse Grundregeln der Booleschen Algebra gegeben sind. Es muss gelten, dass beide Unterterme zunächst disjunkt zueinander sind $t_{i1} \perp t_{i2}$ und sich dabei nur in einer einzigen Variable mit x_i und $\bar{x}_i$ unterscheiden. Der umgekehrte Prozess ist das Separieren, mit dem das Aufteilen eines Terms in zwei gleichartige Terme erfolgt, welche die folgende Eigenschaften besitzen, Teilmenge des aufzuteilenden Terms zu sein $t_{11} \subseteq t_1$ und $t_{12} \subseteq t_1$ und sich disjunkt $t_{i1} \perp t_{i2}$ in einer einzigen Variable zu verhalten.

Durch das Resolvieren von Termen wird eine Minimalisierung einer gegebenen Funktion ermöglicht, weil damit ihre Anzahl an beinhalteten Termen reduziert wird. Damit bleibt die Funktion erhalten. Es reduziert sich lediglich die Anzahl an abdeckenden Blöcken. Demzufolge wird bei einem anschließenden weiteren Berechnungsschritt die Anzahl der Operationen reduziert. Wenn die Überlegung des Resolvierens auf die KV-Abbildung übertragen werden soll, mach sich diese damit erkennbar, dass z.B. eine minimalisierte disjunktive Form ihre Einsen mit einer kleineren Anzahl an Blöcken abdeckt. Rechentechnisch betrachtet, folgt auf die Minimalisierung ein großer Vorteil bezüglich der Rechenzeit und dem Speicherplatzbedarf. Für Berechnungen wie das Orthogonalisieren oder das Boolesche Differential Kalkül [BZP84, Can16, PS91, Zan89] ist eine minimalisierte Funktion von sehr großer Bedeutung und auch Notwendigkeit, da hierbei die Anzahl der Operationen in beiden Verfahren reduziert wird. Dies wirkt sich positiv auf die Rechenzeit und den Speicherplatzbedarf in der rechentechnischen Anwendung aus.

Abhängig von der Funktionsform erfolgt das Resolvieren zweier Terme auf unterschiedlicher Art und Weise, damit die Form der Funktion auch beibehalten bleibt. Mit dem Resolvieren bzw. Separieren soll die Änderung der Funktionsform nicht beabsichtigt werden. Für jede Form *DF*, *KF*, AF_K, EF_D, AF_D und EF_K gelten unterschiedliche Regeln zum Resolvieren, die folgend erklärt werden.

6.1 Resolvieren in DF und KF

Tabelle 6.1 Struktur der DF und KF

DF-Struktur	$\leftrightarrow$	KF-Struktur
$(\boldsymbol{B}^n, \wedge, \vee, \bar{\ }, 0, 1)$ $e_0 = 0; e_1 = 1$	Dualität	$(\boldsymbol{B}^n, \vee, \wedge, \bar{\ }, 1, 0)$ $e_0 = 1; e_1 = 0$

Sowohl die disjunktive Form (DF) als auch die konjunktive Form (KF) sind der Booleschen Algebra BA zugeordnet, welche die algebraische Struktur ($\boldsymbol{B}^n$, $\wedge$, $\vee$, $\bar{\ }$, 0, 1) (siehe Tabelle 6.1, mit e_0:= Nullelement, e_1:= Einselement) besitzt. Da zwischen der DF und KF das Dualitätsprinzip herrscht, können somit die Eigenschaften einer KF aus den Eigenschaften einer DF durch Ersetzen der dualen Bezeichnung abgeleitet werden [CH11]. Das Prinzip der Dualität besagt, dass man durch die Komplementbildung von der DF in die KF gelangt und auch umgekehrt. Dementsprechend wird die Struktur der KF durch Komplementbilden an den entsprechenden Stellen aufgestellt.

6.1.1 Resolvieren in DF

Zwei Produktterme $p_{i,j}(\underline{x})$, die sich nur in einer Variable mit x_i und $\bar{x}_i$ unterscheiden und zudem disjunkt zu einander sind $p_i(\underline{x}) \perp p_j(\underline{x})$, werden zu einem Produktterm mit der Anwendung des Axioms $x_i \vee \bar{x}_i = 1$ resolviert. Für das Resolvieren zweier Produktterme einer DF gilt:

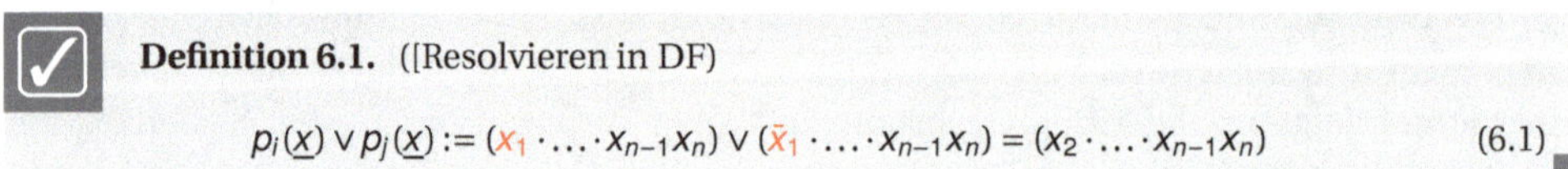

Definition 6.1. ([Resolvieren in DF)

$$p_i(\underline{x}) \vee p_j(\underline{x}) := (x_1 \cdot \ldots \cdot x_{n-1} x_n) \vee (\bar{x}_1 \cdot \ldots \cdot x_{n-1} x_n) = (x_2 \cdot \ldots \cdot x_{n-1} x_n) \quad (6.1)$$

Das Beispiel 6.1 stellt die Anwendung der Formel 6.1 dar.

Beispiel 6.1. (Resolvieren zweier Produktterme)
Gegeben sind zwei Produkterme, welche zu resolvieren sind.

$$x_1 x_2 \vee \bar{x}_1 x_2 = \underbrace{(x_1 \vee \bar{x}_1)}_{=1} x_2 = x_2$$

6.1.2 Resolvieren in KF

Zwei Summenterme $s_{i,j}(\underline{x})$, die sich nur in einer Variable mit x_i und $\bar{x}_i$ unterscheiden, werden zu einem Produktterm mit der Anwendung des Axioms $x_i \wedge \bar{x}_i = 0$ resolviert. Für das Resolvieren zweier Summenterme einer KF gilt:

Definition 6.2. (Resolvieren in KF)

$$s_i(\underline{x}) \wedge s_j(\underline{x}) := (x_1 \vee \ldots \vee x_{n-1} \vee x_n) \wedge (\bar{x}_1 \vee \ldots \vee x_{n-1} \vee x_n) = \\ = (x_2 \vee \ldots \vee x_{n-1} \vee x_n) \quad (6.2)$$

Das nachfolgende Beispiel 6.2 zeigt die Anwendung der Formel 6.2 auf.

Beispiel 6.2. (Resolvieren zweier Summenterme)
Gegeben sind zwei Summenterme, die zu resolvieren sind.

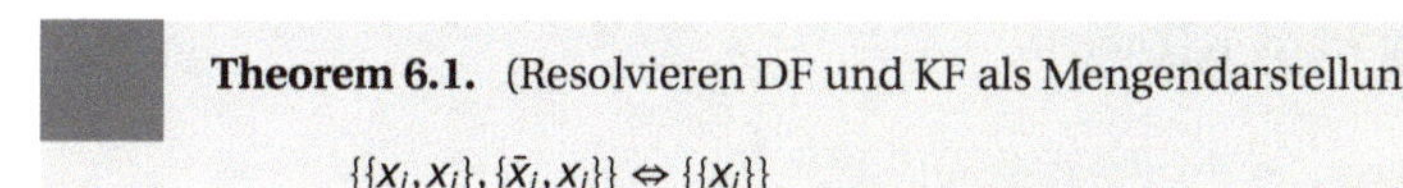

$$(x_1 \vee x_2) \wedge (\bar{x}_1 \vee x_2) = \underbrace{x_1 \bar{x}_1}_{0} \vee \underbrace{x_2 \vee x_1 x_2 \vee \bar{x}_1 x_2}_{x_2} = x_2$$

Falls ein Produkt- oder Summenterm als kodierte Mengendarstellungen abgebildet werden, in der keine Operatoren aufgeführt sind, so werden beide Terme auf dieselbe Weise resolviert. Die Dualität zwischen DF und KF ermöglicht diese Vereinfachung.

Theorem 6.1. (Resolvieren DF und KF als Mengendarstellung)

$$\{\{x_i, x_j\}, \{\bar{x}_i, x_j\}\} \Leftrightarrow \{\{x_j\}\} \quad (6.3)$$

6.2 Resolvieren in AF_K and EF_D

Tabelle 6.2 Struktur der AF_K and EF_D

AF_K-Struktur	$\leftrightarrow$	EF_D-Struktur
$(\boldsymbol{B}^n, \wedge, \oplus)$ $e_0 = 0; e_1 = 1$	Dualität	$(\boldsymbol{B}^n, \vee, \odot)$ $e_0 = 1; e_1 = 0$

Die Formen AF_K und EF_D sind dem Booleschen Ring BR zugeordnet, der folgende algebraische Struktur aufweist: Für AF_K gilt $(\boldsymbol{B}^n, \wedge, \oplus)$ und für EF_D gilt $(\boldsymbol{B}^n, \vee, \odot)$; es wird auf Grund der herrschenden Dualität abgeleitet (Tabelle 6.2).

6.2.1 Resolvieren in AF_K

Für die Antivalenzoperation zweier Variablen, die sich in x_i und $\bar{x}_i$ unterscheiden, gilt:

$$x_i \oplus \bar{x}_i = 1 \quad (6.4)$$

Da die Antivalenzoperation die Umkehrung erlaubt, folgen somit aus der Formel 6.4 auch:

$$x_i \oplus 1 = \bar{x}_i \quad (6.5)$$

$$\bar{x}_i \oplus 1 = x_i \quad (6.6)$$

Aus diesen drei Gleichungen werden Regeln für das Resolvieren zweier Produktterme einer AF_K hergeleitet. Nun wird sicherlich auch die Frage entstehen; „Man hat doch bereits zuvor eine Regel für zwei Produktterme aufgestellt?". Diese Frage ist berechtigt. Jedoch muss an dieser Stelle betont werden, dass durch das Resolvieren der Wert der Ausgangsfunktion nicht verändert werden darf. Daher gilt für ein AF_K eine andere Regelung zur Resolvierung, die einzuhalten ist, um denselben Funktionswert beizubehalten. Andernfalls führt eine andere Resolvierungsart zur Verfälschung der Ausgangsfunktion.

Ausgehend von der Formel 6.4 darf man nun zwei Produktterme einer AF_K, welche sich nur in einer Variable mit x_i and $\bar{x}_i$ unterscheiden, zu einem Produktterm nach der Formel 6.7 zusammenfassen.

Definition 6.3. (Regel 1: Resolvieren in AF_K)

$$(x_1 \cdot x_2 \cdot \ldots \cdot x_{n-1} \cdot x_n) \oplus (\bar{x}_1 \cdot x_2 \cdot \ldots \cdot x_{n-1} \cdot x_n) = (1 \cdot x_2 \cdot \ldots \cdot x_{n-1} \cdot x_n) \tag{6.7}$$

Mit dem Beispiel 6.3 wird die Anwendung der Formel 6.7 hervorgehoben. Hier darf zudem die Distributivität beachtet werden [Zan89].

Beispiel 6.3. (Resolvieren zweier Produktterme)
Gegeben sind zwei zu resolvierende Produkterme.

$$(x_1x_2x_3) \oplus (\bar{x}_1x_2x_3) = \underbrace{(x_1 \oplus \bar{x}_1)}_{=1} \cdot x_2x_3 = x_2x_3$$

Darüber hinaus folgt aus der Formel 6.5 noch eine weitere Regel (Formel 6.8) für das Resolvieren von zwei Produkttermen einer AF_K, die sich mit x_i and 1 unterscheiden. Eine 1 darf an die Stelle für jede nicht vorhandene Variable geschrieben bzw. notiert werden. Der Wert des Produktterms ändert sich dabei nicht.

Definition 6.4. (Regel 2: Resolvieren in AF_K)

$$(x_1 \cdot x_2 \cdot \ldots \cdot x_{n-1} \cdot x_n) \oplus (1 \cdot x_2 \cdot \ldots \cdot x_{n-1} \cdot x_n) = (\bar{x}_1 \cdot x_2 \cdot \ldots \cdot x_{n-1} \cdot x_n) \tag{6.8}$$

Das Beispiel 6.4 illustriert die Anwendung.

Beispiel 6.4. (Resolvieren zweier Produktterme)
Gegeben sind zwei zu resolvierende Produkterme.

$$x_1x_2x_3 \oplus x_2x_3 = (x_1 \oplus 1) \cdot x_2x_3 = \bar{x}_1x_2x_3$$

Aus der Formel 6.6 folgt schließlich eine dritte Regel (Formel 6.9) für das Resolvieren zweier Produktterme einer AF_K, die sich mit $\bar{x}_i$ and 1 unterscheiden.

Definition 6.5. (Regel 3: Resolvieren in AF_K)

$$(\bar{x}_1 \cdot x_2 \cdot \ldots \cdot x_{n-1} \cdot x_n) \oplus (1 \cdot x_2 \cdot \ldots \cdot x_{n-1} \cdot x_n) = (x_1 \cdot x_2 \cdot \ldots \cdot x_{n-1} \cdot x_n) \tag{6.9}$$

Im Beispiel 6.5 wird ihre Anwendung ausgeführt:

Beispiel 6.5. (Resolvieren zweier Produktterme]
Gegeben sind zwei Produkterme, die resolviert werden.

$$\bar{x}_1 x_2 x_3 \oplus x_2 x_3 = (\bar{x}_1 \oplus 1) \cdot x_2 x_3 = x_1 x_2 x_3$$

6.2.2 Resolvieren in EF$_D$

Für die Äquivalenzoperation zweier Variablen, welche sich mit x_i und $\bar{x}_i$ unterscheiden, gilt:

$$x_i \odot \bar{x}_i = 0 \tag{6.10}$$

Auch die Äquivalenzoperation erlaubt die Umkehrung. Daher folgen zwei weitere gültige Gleichungen:

$$x_i \odot 0 = \bar{x}_i \tag{6.11}$$

$$\bar{x}_i \odot 0 = x_i \tag{6.12}$$

Parallel zur vorherigen Definitionen werden hier aus den Formel 6.11 und Formel 6.12 Regeln für das Resolvieren zweier Summenterme einer EF$_D$ aufgestellt. Mit der Formel 6.13 wird die erste Regel für das Resolvieren zweier Summenterme eingeführt, die nur in einer Variable mit x_i und $\bar{x}_i$ variieren.

Definition 6.6. (Regel 1: Resolvieren in EF$_D$)

$$(x_1 \vee x_2 \vee \ldots \vee x_{n-1} \vee x_n) \odot (\bar{x}_1 \vee x_2 \vee \ldots \vee x_{n-1} \vee x_n) = (x_2 \vee \ldots \vee x_{n-1} \vee x_n) \tag{6.13}$$

■

Ihre Anwendung wird im Beispiel 6.6 vorgeführt. Die Distributivität für ⊙ ist gegeben.

Beispiel 6.6. (Resolvieren zweier Summenterme)
Gegeben sind zwei Summenterme, welche resolviert werden.

$$(x_1 \vee x_2 \vee x_3) \odot (\bar{x}_1 \vee x_2 \vee x_3) = (\underbrace{(x_1 \odot \bar{x}_1)}_{=0} \vee x_2 \vee x_3) = (x_2 \vee x_3)$$

Aus Formel 6.11 bezüglich der Umkehrung erfolgt nun eine weitere Formel 6.14 zum Resolvieren zweier Summenterme, die sich mit x_i und 0 unterscheiden. Eine 0 darf an die Stelle für jede nicht vorhandene Variable geschrieben bzw. notiert werden. Der Wert des Summenterms ändert sich dadurch nicht.

Definition 6.7. (Regel 2: Resolvieren in EF$_D$)

$$(x_1 \vee x_2 \vee \ldots \vee x_{n-1} \vee x_n) \odot (0 \vee x_2 \vee \ldots \vee x_{n-1} \vee x_n) = (\bar{x}_1 \vee x_2 \vee \ldots \vee x_{n-1} \vee x_n) \tag{6.14}$$

■

Im Beispiel 6.7 wird die Regel 2 zum Resolvieren gezeigt.

Beispiel 6.7. (Resolvieren zweier Summenterme)
Gegeben sind zwei Summenterme, welche resolviert werden.

$$(x_1 \vee x_2 \vee x_3) \odot (x_2 \vee x_3) = ((x_1 \odot 0) \vee x_2 \vee x_3) = (\bar{x}_1 \vee x_2 \vee x_3)$$

Schließlich folgt aus der Formel 6.12 eine dritte Regel (Formel 6.15) zum Resolvieren zweier Summenterme, die sich mit $\bar{x}_i$ und 0 unterscheiden.

Definition 6.8. (Regel 2: Resolvieren in EF_D)

$$(\bar{x}_1 \vee x_2 \vee \ldots \vee x_{n-1} \vee x_n) \odot (0 \vee x_2 \vee \ldots \vee x_{n-1} \vee x_n) = (x_1 \vee x_2 \vee \ldots \vee x_{n-1} \vee x_n) \quad (6.15)$$

■

Die Formel 6.15 wird mit dem Beispiel 6.8 dargelegt.

Beispiel 6.8. (Resolvieren zweier Summenterme)
Gegeben sind zwei Summenterme, welche resolviert werden.

$$(\bar{x}_1 \vee x_2 \vee x_3) \odot (x_2 \vee x_3) = ((\bar{x}_1 \odot 0) \vee x_2 \vee x_3) = (x_1 \vee x_2 \vee x_3)$$

Da zwischen den beiden Formen AF_K und EF_D die Dualität herrscht, können sie in der kodierten Mengendarstellung identisch abgebildet und resolviert werden.

Theorem 6.2. (Resolvieren AF_K und EF_D als Mengendarstellung)

$$\{\{x_i, x_j\}, \{\bar{x}_i, x_j\}\} \Leftrightarrow \{\{x_j\}\}$$
$$\{\{x_i, x_j\}, \{x_j\}\} \Leftrightarrow \{\{\bar{x}_i, x_j\}\}$$
$$\{\{\bar{x}_i, x_j\}, \{x_j\}\} \Leftrightarrow \{\{x_i, x_j\}\}$$

■

6.3 Resolvieren in AF_D und EF_K

Die beiden Formen AF_D und EF_K sind aus der Darstellung einer kombinatorischen Schaltung hergeleitet. Sie sind leider nicht dem Booleschen Ring zugeordnet. Jedoch gelten beinahe fast alle Axiome, bis auf eines, die nötig sind, eine Struktur dem Booleschen Ring zuzuordnen. Beide Formen haben die folgende Struktur (Tabelle 6.3).

Tabelle 6.3 Struktur der AF_D and EF_K

AF_D-Struktur	$\leftrightarrow$	EF_K-Struktur
$(\boldsymbol{B}^n, \vee, \oplus)$ $e_0 = 1; e_1 = 0$	Dualität	$(\boldsymbol{B}^n, \wedge, \odot)$ $e_0 = 0; e_1 = 1$

Zu diesen beiden neuen Formen werden im Folgenden Umrechnungsgesetze aufgestellt und auf Richtigkeit geprüft und damit auch ihre Gültigkeit gezeigt. Anschließend werden Regeln zum Resolvieren beider Funktionsformen ausführlich beschrieben.

Eine Disjunktion zweier Variablen wird in eine EF_K umgeformt, indem das $\vee$ mit dem $\odot$ ausgetauscht und ein Produktterm beider Variablen mit dem $\odot$-Operator angehängt wird.

Theorem 6.3. (Umformung einer Disjunktion in EF_K)

$$x_i \vee x_j = x_i \odot x_j \odot x_i x_j \tag{6.16}$$

Die Allgemeingültigkeit des Theorem 6.3 wird mit der folgenden Wahrheitstabelle belegt, in der gezeigt wird, dass die rechte Seite mit der linken Seite gleichwertig ist.

Beweis.

Tabelle 6.4 Beweis zum Theorem 6.3 mithilfe einer Wahrheitstabelle

x_i	x_j	$x_i \vee x_j$	$x_i \odot x_j$	$x_i x_j$	$x_i \odot x_j \odot x_i x_j$
0	0	0	1	0	0
0	1	1	0	0	1
1	0	1	0	0	1
1	1	1	1	1	1

□

Dagegen wird eine Konjunktion in eine AF_D umgeformt, indem das $\cdot$ mit dem $\oplus$ ersetzt und ein zusätzlicher Summenterm beider Variablen mit $\oplus$ ergänzt wird.

Theorem 6.4 (Umformung einer Konjunktion in AF_D).

$$x_i \cdot x_j = x_i \oplus x_j \oplus (x_i \vee x_j) \tag{6.17}$$

Ihre Allgemeingültigkeit wird auch mithilfe einer Wahrheitstabelle gezeigt. Die rechte Seite ist der linken Seite gleichwertig.

Beweis.

Tabelle 6.5 Beweis zum Theorem 6.4 mithilfe einer Wahrheitstabelle

x_i	x_j	$x_i x_j$	$x_i \oplus x_j$	$x_i \vee x_j$	$x_i \oplus x_j \oplus (x_i \vee x_j)$
0	0	0	0	0	0
0	1	0	1	1	0
1	0	0	1	1	0
1	1	1	0	1	1

□

Das Resolvieren von Produkttermen bzw. Summentermen, die in den entsprechenden neuen Formen AF_D bzw. EF_K enthalten sind, wird auf eine neue Art und Weise durchgeführt. Die einzelnen Regeln werden nachfolgend genauer erläutert.

6.3.1 Resolvieren in AF_D

Das Resolvieren zweier Summenterme einer AF_D, welche sich nur in einer Variable durch x_i und $\bar{x}_i$ unterscheiden und ihre Anzahl an Variablen größer als zwei ist ($n > 2$), wird mit der Formel 6.19 ausgeführt. In diesem Fall, kann eine Resolvente aus mehreren Termen entstehen. Damit wird leider keine Minimalisierung der gegebenen Schaltung erreicht, aber gegebenenfalls eine andere Darstellung, die evtl. Vorteile mit sich bringen könnte. An dieser Stelle ist zu unterstreichen, dass weitere Untersuchungen nicht fortgeführt sind. Abhängig von der Anzahl an Variablen unterscheidet sich die Variable im letzten Term x_r der Resolvente.

Theorem 6.5. (Resolvieren in AF_D)

$$(x_{n-(n-1)} \vee \ldots \vee x_{n-1} \vee x_n) \oplus (\bar{x}_{n-(n-1)} \vee \ldots \vee x_{n-1} \vee x_n) = \tag{6.18}$$
$$= (\bar{x}_{n-(n-2)} \vee \ldots \vee x_{n-1} \vee x_n) \oplus \ldots \oplus (\bar{x}_{n-2} \vee x_{n-1} \vee x_n) \oplus (\bar{x}_{n-1} \vee x_n) \oplus x_r$$

$$x_r = \begin{cases} x_n & \text{für ungerade Anzahl } n \\ \bar{x}_n & \text{für gerade Anzahl } n \end{cases}$$

■

Mithilfe der Vollständigen Induktion wird ihre allgemeine Gültigkeit nachfolgend belegt.

Beweis. Beweis durch Vollständige Induktion
(1) Basis: $n = 3$

$$(x_1 \vee x_2 \vee x_3) \oplus (\bar{x}_1 \vee x_2 \vee x_3) = (\bar{x}_2 \vee x_3) \oplus x_3 \quad \text{(wahr)}$$

(2) Induktionsschritt: $n = n' + 1$

$$(x_1 \vee \ldots \vee x_{n'} \vee x_{n'+1}) \oplus (\bar{x}_1 \vee \ldots \vee x_{n'} \vee x_{n'+1})$$
$$= (\bar{x}_2 \vee \ldots \vee x_{n'} \vee x_{n'+1}) \oplus \ldots \oplus (\bar{x}_{n'-1} \vee x_{n'} \vee x_{n'+1}) \oplus (\bar{x}_{n'} \vee x_{n'+1}) \oplus x_r$$

Verifikation: $n' = 3 \rightarrow n = 4$

$$(x_1 \vee x_2 \vee x_3 \vee x_4) \oplus (\bar{x}_1 \vee x_2 \vee x_3 \vee x_4) = (\bar{x}_2 \vee x_3 \vee x_4) \oplus (\bar{x}_3 \vee x_4) \oplus \bar{x}_4$$

□

Die Verifikation kann zudem auch als ein Beispiel gesehen werden, welches die Anwendung der Gleichung aus der Definition Formel 6.19 illustriert. Hierbei werden zwei Summenterme mit der Variablenanzahl von $n = 4$ resolviert.

Das Resolvieren zweier Summenterme einer AF_D, welche sich nur in einer Variable durch x_i und $\bar{x}_i$ unterscheiden und ihre Anzahl an Variablen genau zwei ist ($n = 2$), wird mit der Gleichung aus der Definition Theorem 6.8 errechnet. Die Resolvente ist dabei das Komplement der zweiten Variable, die in beiden Summentermen identisch ist.

Theorem 6.6. (Resolvieren in AF_D)

$$(x_i \vee x_j) \oplus (\bar{x}_i \vee x_j) = \bar{x}_j \tag{6.19}$$

Durch die Umkehrung folgen weitere Möglichkeiten des Resolvierens für Summenterme mit zwei Variablen.

$$(x_i \vee x_j) \oplus \bar{x}_j = (\bar{x}_i \vee x_j) \tag{6.20}$$

$$(\bar{x}_i \vee x_j) \oplus \bar{x}_j = (x_i \vee x_j) \tag{6.21}$$

Die Wahrheitstabelle in der Tabelle 6.6 veranschaulicht die Gleichwertigkeit der rechten mit der linken Seite und belegt damit die Allgemeingültigkeit der Gleichung aus dem Theorem 6.8.

Beweis.

Tabelle 6.6 Beweis zum Theorem 6.8 mithilfe einer Wahrheitstabelle

x_i	x_j	$x_i \vee x_j$	$\bar{x}_i \vee x_j$	$(x_i \vee x_j) \oplus (\bar{x}_i \vee x_j)$	$\bar{x}_j$
0	0	0	1	1	1
0	1	1	1	0	0
1	0	1	0	1	1
1	1	1	1	0	0

□

6.3.2 Resolvieren in EF_K

Das Resolvieren zweier Produktterme einer EF_K, welche sich nur in einer Variable durch x_i und $\bar{x}_i$ unterscheiden und deren Anzahl an Variablen größer als zwei ist ($n > 2$), wird mit der Gleichung aus Theorem 6.7 ausgeführt. In diesem Fall kann eine Resolvente aus mehreren Termen entstehen. Abhängig von der Anzahl an Variablen unterscheidet sich die Variable im letzten Term x_r der Resolvente.

Theorem 6.7. (Resolvieren in EF_K)

$$\begin{aligned}(x_{n-(n-1)} \cdot \ldots \cdot x_{n-1}x_n) \odot (\bar{x}_{n-(n-1)} \cdot \ldots \cdot x_{n-1}x_n) \\ = (\bar{x}_{n-(n-2)} \cdot \ldots \cdot x_{n-1}x_n) \odot \ldots \odot (\bar{x}_{n-2}x_{n-1}x_n) \odot (\bar{x}_{n-1}x_n) \odot x_r\end{aligned} \tag{6.22}$$

$$x_r = \begin{cases} x_n & \text{für ungerade Anzahl } n \\ \bar{x}_n & \text{für gerade Anzahl } n \end{cases}$$

Mit dem Beweis der Vollständigen Induktion wird auch hier die Allgemeingültigkeit des Theorems 6.7 gezeigt.

Beweis. Beweis durch Vollständige Induktion
(1) Basis: $n = 3$

$$(x_1 x_2 x_3) \oplus (\bar{x}_1 x_2 x_3) = (\bar{x}_2 x_3) \odot x_3 \quad \text{(wahr)}$$

(2) Induktionsschritt: $n = n' + 1$

$$(x_1 \cdot \ldots \cdot x_{n'} x_{n'+1}) \odot (\bar{x}_1 \cdot \ldots \cdot x_{n'} x_{n'+1})$$
$$= (\bar{x}_2 \cdot \ldots \cdot x_{n'} x_{n'+1}) \odot \ldots \odot (\bar{x}_{n'-1} x_{n'} x_{n'+1}) \odot (\bar{x}_{n'} x_{n'+1}) \odot x_r$$

Verifikation: $n' = 3 \rightarrow n = 4$

$$(x_1 x_2 x_3 x_4) \odot (\bar{x}_1 x_2 x_3 x_4) = (\bar{x}_2 x_3 x_4) \odot (\bar{x}_3 x_4) \odot \bar{x}_4$$

□

Die Berechnung in der Verifikation präsentiert zugleich die Anwendung der Gleichung aus dem Theorem 6.7. Hierbei werden zwei Produktterme mit der Variablenanzahl von $n = 4$ resolviert.

Das Resolvieren zweier Produktterme einer EF_K, welche sich nur in einer Variable durch x_i und $\bar{x}_i$ unterscheiden und deren Anzahl an Variablen genau zwei ist ($n = 2$), wird mit der Gleichung aus dem Theorem 6.7 errechnet. Die Resolvente ist dabei das Komplement der zweiten Variable, die in beiden Produkttermen identisch ist.

Theorem 6.8. (Resolvieren in AF_D)

$$x_i x_j \odot \bar{x}_i x_j = \bar{x}_j \tag{6.23}$$

Durch die Umkehrung folgen weitere Möglichkeiten des Resolvierens für Produktterme mit zwei Variablen.

$$x_i x_j \odot \bar{x}_j = \bar{x}_i x_j \tag{6.24}$$
$$\bar{x}_i x_j \odot \bar{x}_j = x_i x_j \tag{6.25}$$

■

Die Wahrheitstabelle in der Tabelle 6.7 veranschaulicht die Gleichwertigkeit der rechten mit der linken Seite und belegt damit die Allgemeingültigkeit des Theorems 6.8.

Beweis.

Tabelle 6.7 Beweis zum Theorem 6.8 mithilfe einer Wahrheitstabelle

x_i	x_j	$x_i x_j$	$\bar{x}_i x_j$	$x_i x_j \odot \bar{x}_i x_j$	$\bar{x}_j$
0	0	0	0	1	1
0	1	0	1	0	0
1	0	0	0	1	1
1	1	1	0	0	0

□

Da zwischen den beiden Formen AF_D und EF_K die Dualität herrscht, können sie in der kodierten Mengendarstellung identisch abgebildet und resolviert werden für die Variablenzahl von $n = 2$.

Theorem 6.9. (Resolvieren AF_D und EF_K als Mengendarstellung)

$$\{\{x_i, x_j\}, \{\bar{x}_i, x_j\}\} \Leftrightarrow \{\{\bar{x}_j\}\}$$
$$\{\{x_i, x_j\}, \{\bar{x}_j\}\} \Leftrightarrow \{\{\bar{x}_i, x_j\}\}$$
$$\{\{\bar{x}_i, x_j\}, \{\bar{x}_j\}\} \Leftrightarrow \{\{x_i, x_j\}\}$$

■

TEIL IV

Orthogonalisierende Differenzbildung

7 Die Theorie zur orthogonalisierenden Differenzbildung

In diesem Kapitel wird die Verknüpfungstechnik „orthogonalisierende Differenzbildung $\ominus$“ vorgestellt, mit der eine Differenz zwischen zwei Produkttermen berechnet wird, welche die Eigenschaft besitzt, orthogonal zu sein.

7.1 Methode der orthogonalisierenden Differenzbildung

Die orthogonalisierende Differenzbildung ist aus einer Überlegung resultierend aus einem KV-Diagramm entstanden. Dabei wird die Differenz zwischen dem Produktterm als Subtrahend und einem Produktterm als Minuend in einer Art gebildet, in der nur disjunkte, d.h. orthogonale Produktterme im Resultat entstehen, wie in Bild 7.1 dargelegt. Diese Technik der orthogonalisierenden Differenzbildung $\ominus$ entspricht der Wegnahme der Schnittmenge, die zwischen den Minuenden $p_m(\underline{x})$ und den Subtrahenden $p_s(\underline{x})$ entsteht, aus dem Minuenden $p_m(\underline{x})$, d.h. $p_m(\underline{x}) - \left(p_m(\underline{x}) \wedge p_s(\underline{x})\right)$. Die dabei entwickelte Differenz beinhaltet nur Produktterme, die sich paarweise zueinander disjunkt verhalten, d.h. sich mindestens in einer Variable mit x_i und $\bar{x}_i$ unterscheiden. Grundsätzlich ist die orthogonalisierende Differenzbildung $\ominus$ kein neuer Operator, sondern eine neue Verknüpfungstechnik, welche die Komposition zweier Berechnungsschritte – die Differenzbildung und die anschließende Orthogonalisierung – in einem Schritt verbirgt. Im Vergleich zur herkömmlichen Methode der Differenzbildung liegt das Resultat aus $\ominus$ bereits orthogonal vor. Dessen ungeachtet sind ihre Resultate gleichwertig. Sie unterscheiden sich nur in der Form ihrer Differenz, sodass eine bereits in orthogonaler Form darliegt. Die Allgemeingültigkeit der Methode $\ominus$ wird mit der Vollständigen Induktion im Beweis 8.13 gezeigt.

Mit der Gleichung aus der Definition 7.1 wird die orthogonale Differenz zwischen zwei Produkttermen $p_{m,s}(\underline{x})$ gebildet. Die Anzahl der Variablen der beiden Produktterme sind mit $n, n' \in \mathbf{N}$ gekennzeichnet. Jedoch ist zu betonen, dass mit der Gleichung die Reihenfolge der zu berechnenden Variablen spezifiziert ist. Dies ist zu berücksichtigen, damit ein korrektes Ergebnis entsteht. Für die mathematische Beschreibung der neuen Verknüpfungstechnik

$\ominus$ wird auf die folgende Definition aus [CH11]

$$\bigvee_{i=1}^{n'_j} \bar{x}_i = \bar{x}_{1_j} \vee x_{1_j}\bar{x}_{2_j} \vee \ldots \vee x_{1_j}x_{2_j} \cdot \ldots \cdot \bar{x}_{n'_j} \tag{7.1}$$

Bezug genommen. Dies ermöglicht die formelle Darstellung der alternierenden Berechnungsschritte. Somit folgt für die orthogonalisierende Differenzbildung:

Definition 7.1. (Orthogonalisierende Differenzbildung)

$$p_m(\underline{x}) \ominus p_s(\underline{x}) = \bigwedge_{m=1}^{n} x_m \ominus \bigwedge_{s=1}^{n'} x_s := \bigwedge_{m=1}^{n} x_m \wedge \bigvee_{s=1}^{n'_j} \bar{x}_{s_j} \tag{7.2}$$
$$= \left(x_1 \cdot \ldots \cdot x_{n-1}x_n\right)_m \wedge \left(\bar{x}_{1_j} \vee x_{1_j}\bar{x}_{2_j} \vee \ldots \vee x_{1_j} \cdot \ldots \cdot x_{(n'-1)_j}\bar{x}_{n'_j}\right)_s$$

Die Anwendung der Definition 7.1 wird mit den nachfolgenden Punkten erläutert:

- Das erste Literal aus dem Subtrahend wird negiert zum Produktterm des Minuenden verundet. Somit entsteht der erste Produktterm der Differenz.
- Dann wird das zweite Literal negiert mit dem ersten Literal aus dem Subtrahend zum Produktterm des Minuenden verundet. Der zweite Produktterm der Differenz wird somit entwickelt.
- Anschließend wird das nächste Literal negiert mit dem ersten und zweiten Literal aus dem Subtrahend zum Produktterm des Minuenden verundet. Damit entsteht ein dritter Produktterm der Differenz.
- Das Verfahren wird so lange weitergeführt, bis alle Literale des Subtrahenden einmal negiert genommen in einem eigenen Produktterm mit dem Minuenden verundet vorhanden sind.

Alle Produktterme in der Differenz sind paarweise orthogonal zueinander. Folglich liegt auch das Ergebnis bereits orthogonal vor. Die Anzahl der Produktterme im Ergebnis lassen sich mit n_x als die Anzahl der Variablen, die im Subtrahenden, aber nicht im Minuenden vorhanden sind, errechnen. Die Reihenfolge der Negierung der Literale des Subtrahenden muss nicht unbedingt eingehalten werden. Abhängig von der Reihenfolge ändert sich die Differenz. Jedoch sind alle Arten der Resultate gleichwertig, d.h. sie sind äquivalent und unterscheiden sich nur in der Form ihrer Überdeckung der 1er. Die Form der Überdeckung lässt sich in einem KV-Diagramm verständlicher zeigen. Es gibt eben entsprechend mehrere mögliche Ergebnisse, die sich mit n_x bestimmen lassen:

Definition 7.2. (Anzahl der möglichen Ergebnisse)

$$n_x! \quad \text{für} \quad n_x > 0 \tag{7.3}$$

In dem folgenden Beispiel wird die Anwendung der orthogonalisierenden Differenzbildung mit der Unterstützung eines KV-Diagramms (Bild 7.1) verdeutlicht.

Beispiel 7.1. (Orthogonalisierende Differenzbildung)
Zwischen dem Produktterm $p_s(\underline{x}) = x_2 x_3 x_4$ und dem Produktterm $p_m(\underline{x}) = x_1$ wird die orthogonalisierende Differenzbildung ermittelt.

$$\underbrace{x_1}_{\text{Minuend}} \ominus \underbrace{x_2 x_3 x_4}_{\text{Subtrahend}} = \underbrace{\underbrace{x_1 \bar{x}_2}_{\text{1.Block}} \vee \underbrace{x_1 x_2 \bar{x}_3}_{\text{2.Block}} \vee \underbrace{x_1 x_2 x_3 \bar{x}_4}_{\text{3.Block}}}_{\text{Differenzblöcke}}$$

Dabei wird die neue Verknüpfungstechnik mittels eines KV-Diagramms veranschaulicht. Sowohl der Minuend als auch der Subtrahend und die Differenzblöcke sind in unterschiedlichen Farben gekennzeichnet.

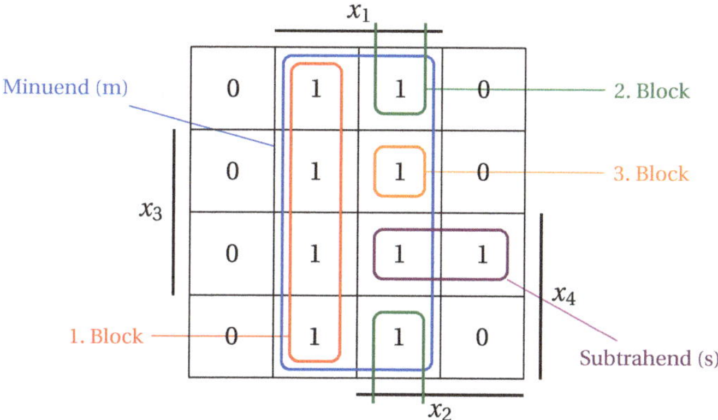

Bild 7.1 Beispiel 7.1 im KV-Diagramm

Dem Minuenden wird die 1 entnommen, die durch die Schnittmenge zwischen Subtrahend und Minuend entsteht. Daraus resultieren anschließend mehrere Blöcke, welche die restlichen Einsen so abdecken, dass sie paarweise orthogonal zueinander sind bzw. sich nicht überschneiden. Dazu ist in einem KV-Diagramm (Bild 7.1) der Minuend $p_m(\underline{x}) = x_1$ und der Subtrahend $p_s(\underline{x}) = x_2 x_3 x_4$ abgebildet, dessen orthogonale Differenz den 1. Block, 2. Block und 3. Block beinhaltet.

Das erste Literal aus dem Subtrahend, hier x_2, wird komplementär zum Produktterm des Minuenden, hier x_1, verundet. Somit ist $x_1 \bar{x}_2$ der erste entstandene Produktterm der Differenz. Nun wird das zweite Literal, hier x_3, komplementär zum Produktterm des Minuenden und dem vorherigen ersten Literal x_2 des Subtrahenden verundet. Der zweite Produktterm der Differenz ist damit $x_1 x_2 \bar{x}_3$. Anschließend wird das nächste Literal, hier x_4, komplementär zum Produktterm des Minuenden und dem ersten und zweiten Literal x_2 und x_3 des Subtrahenden verundet. Der dritte Produktterm der Differenz ist damit $x_1 x_2 x_3 \bar{x}_4$.

Wie zuvor erwähnt, können andere Differenzen entstehen, wenn mit einer anderen Reihenfolge die Berechnung der orthogonalisierenden Differenzbildung durchgeführt wird. Eine andere Möglichkeit der Lösung entsteht, wenn mit der hinteren Variable x_4 nach vorne hin begonnen wird:

Beispiel 7.2.

$$\underbrace{x_1}_{\text{Minuend}} \ominus \underbrace{x_2 x_3 x_4}_{\text{Subtrahend}} = x_1 \bar{x}_4 \vee x_1 \bar{x}_3 x_4 \vee x_1 \bar{x}_2 x_3 x_4$$

Beide Lösungen sind gleichwertig, weil dieselbe Menge an Einsen an derselben Position überdeckt wird. Sie unterscheiden sich lediglich in der Form ihrer Abdeckung, wie das auch in Bild 7.2 zu erkennen ist, in dem beide möglichen Lösungen gegenübergestellt sind.

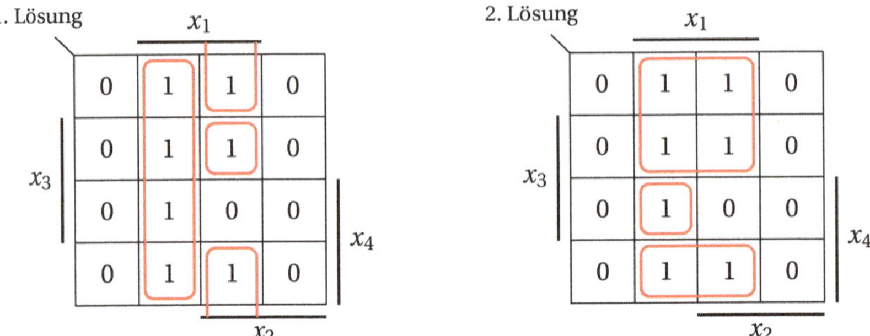

Bild 7.2 Gegenüberstellung beider Lösungen

7.1.1 Axiome und Postulate

Folgende Regeln sind bei der Berechnung der orthogonalisierenden Differenzbildung $\ominus$ unbedingt zu beachten, um ein korrektes Ergebnis zu erlangen.

7.1.1.1 Axiome für Variablen

Folgende Axiome gelten für die Verknüpfung von Variablen und Konstanten.

- Die orthogonalisierende Differenzbildung zwischen einer Variable und der 0-Konstante ergibt die Variable selbst (Formel 7.4) und zwischen einer Variable und der 1-Konstante die 0 (Formel 7.5).

$$x_i \ominus 0 = x_i \tag{7.4}$$

$$x_i \ominus 1 = 0 \tag{7.5}$$

- Des Weiteren ergibt die orthogonalisierende Differenzbildung einer Variablen mit derselben Variablen eine 0 (Formel 7.6) und mit ihrer komplementären zur der Variablen die Variable selbst wieder (Formel 7.7).

$$x_i \ominus x_i = 0 \tag{7.6}$$

$$x_i \ominus \bar{x}_i = x_i \tag{7.7}$$

7.1.1.2 Axiome für Produktterme

Folgende Axiome gelten für Produktterme, die von den Axiomen für Variablen abgeleitet sind.

- Das neutrale Element der $\ominus$ ist 0:

$$p_i(\underline{x}) \ominus 0 = p_i(\underline{x}) \tag{7.8}$$

- Das Nullelement der $\ominus$ ist die 1. Die orthogonalisierende Differenzbildung zwischen einem Produktterm $p_i(\underline{x})$ und der 1 ergibt 0:

$$p_i(\underline{x}) \ominus 1 = 0 \tag{7.9}$$

7.1.1.3 Postulate

1. Die $\ominus$-Berechnung aus 0 und einem Subtrahend ergibt den Subtrahenden selbst:

$$0 \ominus p_s(\underline{x}) = p_s(\underline{x}) \tag{7.10}$$

Beispiel 7.3. (zu Postulat 1)
Gegeben ist der Subtrahend $p_s(\underline{x}) = x_1 x_2$ und als Minuend die 0.

$$0 \ominus x_1 x_2 = x_1 x_2$$

2. Die $\ominus$-Berechnung aus 1 und einem Subtrahend ist das Komplement des Subtrahenden, welches eine orthogonale Funktion DF ergibt:

$$1 \ominus p_s(\underline{x}) = f_{DF}^{orth}(\underline{x}) \mid_{\overline{p_s(\underline{x})}} \tag{7.11}$$

Beispiel 7.4. (zu Postulat 2)
Gegeben ist der Subtrahend $p_s(\underline{x}) = x_1 x_2$ und als Minuend die 1.

$$1 \ominus x_1 x_2 = \bar{x}_1 \vee x_1 \bar{x}_2$$

3. Ist der Subtrahend zum Minuend bereits orthogonal ($p_s(\underline{x}) \perp p_m(\underline{x})$), so entspricht das Ergebnis dem Minuenden selbst:

$$p_m(\underline{x}) \ominus p_s(\underline{x}) = p_m(\underline{x}) \mid_{p_s(\underline{x}) \perp p_m(\underline{x})} \tag{7.12}$$

Beispiel 7.5. (zu Postulat 3)
Die orthogonalisierende Differenz wird zwischen dem Subtrahend $p_s(\underline{x}) = x_1 x_2$ und dem Minuenden $p_m(\underline{x}) = \bar{x}_2 x_3$ gebildet.

$$\bar{x}_2 x_3 \ominus x_1 x_2 = \bar{x}_1 \bar{x}_2 x_3 \vee x_1 \bar{x}_2 x_3 = \bar{x}_2 x_3 \underbrace{(\bar{x}_1 \vee x_1)}_{=1} = \bar{x}_2 x_3$$

4. Zur Unterstützung dieser Postulate wird das Symbol der Teilmenge $\subseteq$ aus der Mengenlehre in der Schaltalgebra übertragen. Die orthogonale Differenz zwischen einem Subtrahenden und Minuenden entspricht der Leeren Menge, falls der Minuend eine Teilmenge des Subtrahenden ist ($p_m(\underline{x}) \subseteq p_s(\underline{x})$):

$$p_m(\underline{x}) \ominus p_s(\underline{x}) = 0 \mid_{p_m(\underline{x}) \subseteq p_s(\underline{x})} \tag{7.13}$$

Beispiel 7.6. (zu Postulat 4)
Gegeben ist der Subtrahend $p_s(\underline{x}) = x_1$ und als Minuend $p_m(\underline{x}) = x_1 \bar{x}_2 x_3$, dessen orthogonale Differenz ermittelt wird.

$$x_1 \bar{x}_2 x_3 \ominus x_1 = 0$$

7.1.2 Analyse der neuen Methode

7.1.2.1 Äquivalenz zur Differenzbildung

Die Formel 5.18 und Formel 7.3 werden gleich gesetzt, um die Äquivalenz zwischen der herkömmlichen Methode der Differenzbildung und der neuen Methode der orthogonalisierenden Differenzbildung zu belegen.

Beweis. Beweis der Äquivalenz

$$p_m(\underline{x}) - p_s(\underline{x}) \stackrel{?}{=} p_m(\underline{x}) \ominus p_s(\underline{x})$$

$$\bigwedge_{m=1}^{n} x_m - \bigwedge_{s=1}^{n'} x_s \stackrel{?}{=} \bigwedge_{m=1}^{n} x_m \ominus \bigwedge_{s=1}^{n'} x_s$$

$$\bigwedge_{m=1}^{n} x_m \wedge \overline{\bigwedge_{s=1}^{n'} x_s} \stackrel{?}{=} \bigwedge_{m=1}^{n} x_m \wedge \bigvee_{s=1}^{n'_j} \bar{x}_{s_j}$$

$$\bigwedge_{m=1}^{n} x_m \wedge \bigvee_{s=1}^{n'} \bar{x}_s \stackrel{?}{=} \bigwedge_{m=1}^{n} x_m \wedge \bigvee_{s=1}^{n'_j} \bar{x}_{s_j}$$

Für das Weitere wird der Term $(\bigwedge_{m=1}^{n} x_m)$ für den Minuenden auf beiden Seiten vernachlässigt, weil dieser gleich ist und damit keine Auswirkung auf die Gegenüberstellung hat.

$$\bigvee_{s=1}^{n'} \bar{x}_s \stackrel{?}{=} \bigvee_{s=1}^{n'_j} \bar{x}_{s_j}$$

$$\bar{x}_1 \vee \bar{x}_2 \vee \ldots \vee \bar{x}_{n-1} \vee \bar{x}_n = \bar{x}_{1_j} \vee x_{1_j}\bar{x}_{2_j} \vee \ldots \vee x_{1_j} \cdot \ldots \cdot x_{(n'-1)_j}\bar{x}_{n'_j}$$

□

Schließlich wird die Äquivalenz beider Seiten bestätigt. Denn auf Grund des Absorptionsgesetzes mit $\bar{x}_i \vee x_i\bar{x}_j = \bar{x}_i \vee \bar{x}_j$ folgt die Gleichwertigkeit der rechten mit der linken Seite. Die Unterscheidung liegt lediglich in der Form ihrer Überdeckung. Schlussfolgernd darf damit jede Differenzbildung mit der orthogonalisierenden Differenzbildung $\ominus$ ersetzt werden. Ihre Resultate werden immer wertegleich sein, nur liegt das Ergebnis der einen Methode bereits orthogonal vor.

7.1.2.2 Kommutativität

Kommutativität ist die Eigenschaft der Operation, die es ermöglicht, die Terme an ihrer Position so zu ändern, dass sich der Wert des Ausdrucks nicht ändert. Diese Eigenschaft ist dem $\ominus$ jedoch nicht gegeben, welches wie folgt gezeigt wird.

$$p_1(\underline{x}) \ominus p_2(\underline{x}) \neq p_2(\underline{x}) \ominus p_1(\underline{x}) \tag{7.14}$$

Das Beispiel 7.7 soll zeigen, dass beide Seiten nicht gleichwertig sind und damit die Kommutativität nicht gegeben ist.

Beispiel 7.7. (Keine Kommutativität)

$$x_1 \ominus x_2\bar{x}_3 \stackrel{?}{=} x_2\bar{x}_3 \ominus x_1$$
$$x_1\bar{x}_2 \vee x_1x_2x_3 \neq \bar{x}_1x_2\bar{x}_3$$

Die linke Seite entspricht nicht der rechten Seite (Bild 7.3).

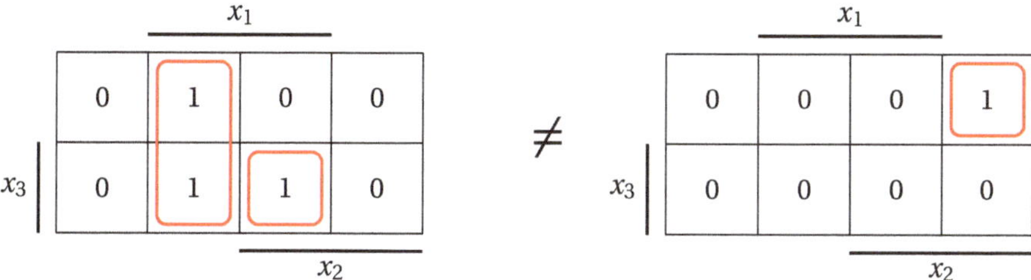

Bild 7.3 Linke und rechte Seite aus Beispiel 7.7

7.1.2.3 Assoziativität

Assoziativität ist die Eigenschaft einer Operation, mit der die Klammern so neu angeordnet werden können, dass sich der Wert des Ausdrucks nicht ändert. Die Eigenschaft der Assoziativität ist für die orthogonalisierende Differenzbildung $\ominus$ gegeben.

$$\left(p_1(\underline{x}) \ominus p_2(\underline{x})\right) \ominus p_3(\underline{x}) \stackrel{?}{=} p_1(\underline{x}) \ominus \left(p_2(\underline{x}) \ominus p_3(\underline{x})\right) \tag{7.15}$$

Das die Assoziativität für $\ominus$ nicht gültig ist, wird wie folgt gezeigt:

Beweis. Beweis der Nicht-Assoziativität

$$\left(p_1(\underline{x}) \ominus p_2(\underline{x})\right) \ominus p_3(\underline{x}) \stackrel{?}{=} p_1(\underline{x}) \ominus \left(p_2(\underline{x}) \ominus p_3(\underline{x})\right)$$
$$\left(p_1(\underline{x}) \wedge \overline{p_2(\underline{x})}\right) \ominus p_3(\underline{x}) \stackrel{?}{=} p_1(\underline{x}) \wedge \overline{\left(p_2(\underline{x}) \ominus p_3(\underline{x})\right)}$$
$$p_1(\underline{x}) \wedge \overline{p_2(\underline{x})} \wedge \overline{p_3(\underline{x})} \stackrel{?}{=} p_1(\underline{x}) \wedge \overline{p_2(\underline{x}) \wedge \overline{p_3(\underline{x})}}$$
$$p_1(\underline{x}) \wedge \overline{p_2(\underline{x})} \wedge \overline{p_3(\underline{x})} \stackrel{?}{=} p_1(\underline{x}) \wedge \left(\overline{p_2(\underline{x})} \vee p_3(\underline{x})\right)$$
$$p_1(\underline{x}) \cdot \overline{p_2(\underline{x})} \cdot \overline{p_3(\underline{x})} \neq p_1(\underline{x}) \cdot \overline{p_2(\underline{x})} \vee p_1(\underline{x}) \cdot p_3(\underline{x})$$

□

Da die Reihenfolge der $\ominus$-Berechnung eingehalten werden muss, was durch die nicht vorhandene Kommutativität zuvor auch gezeigt wurde, ist damit diese Erklärung für die nicht vorhandene Assoziativität vorzulegen. Natürlich gibt es häufiger solche Fallbeispiele, welche eine Assoziativität plötzlich begründen. Jedoch sind diese aber als eine Art von „Scheingültigkeit" zu bewerten. Das folgende Beispiel 7.8 führt so einen Fall vor.

Beispiel 7.8. (Keine Assoziativität?)

$$(x_1 \ominus x_2\bar{x}_3) \ominus \bar{x}_1 x_2 \stackrel{?}{=} x_1 \ominus (x_2\bar{x}_3 \ominus \bar{x}_1 x_2)$$
$$(x_1\bar{x}_2 \vee x_1 x_2 x_3) \ominus \bar{x}_1 x_2 \stackrel{?}{=} x_1 \ominus (x_1 x_2 \bar{x}_3)$$
$$x_1\bar{x}_2 \vee x_1 x_2 x_3 = \bar{x}_2 x_1 \vee x_1 x_2 x_3$$

Beide Seiten sind homogen und orthogonal, wie in den KV-Diagrammen abgebildet (Bild 7.4).

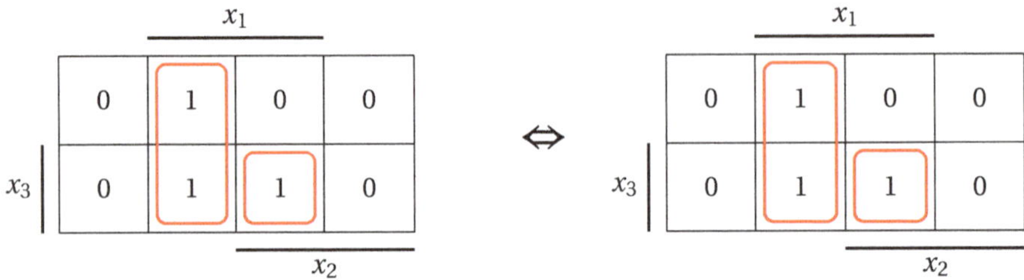

Bild 7.4 Linke und rechte Seite aus Beispiel 7.8

7.1.2.4 Distributivität

Die Distributivität ermöglicht das Ausklammern von Termen, ohne dabei den Gesamtwert zu fälschen. Das bedeutet, dass ein Term herausgerechnet werden kann. In diesem Fall gilt die $\wedge$-Distributivität für $\ominus$:

$$p_1(\underline{x}) \cdot \big(p_2(\underline{x}) \ominus p_3(\underline{x})\big) = \big(p_1(\underline{x}) \cdot p_2(\underline{x})\big) \ominus \big(p_1(\underline{x}) \cdot p_3(\underline{x})\big) \tag{7.16}$$

Die Gültigkeit der Distributivität wird wie folgt bewiesen:

Beweis. (Beweis der Distributivität)

$$p_1(\underline{x}) \cdot \big(p_2(\underline{x}) \ominus p_2(\underline{x}) p_3(\underline{x})\big) = p_1(\underline{x}) \cdot p_2(\underline{x}) \ominus p_1(\underline{x}) \cdot p_2(\underline{x}) \cdot p_3(\underline{x})$$
$$p_1(\underline{x}) \cdot \big(p_2(\underline{x}) \wedge \overline{(p_2(\underline{x}) p_3(\underline{x}))}\big) = p_1(\underline{x}) \cdot p_2(\underline{x}) \wedge \overline{\big(p_1(\underline{x}) \cdot p_2(\underline{x}) \cdot p_3(\underline{x})\big)}$$
$$p_1(\underline{x}) \cdot \big(p_2(\underline{x}) \wedge (\overline{p_2(\underline{x})} \vee \overline{p_3(\underline{x})})\big) = p_1(\underline{x}) \cdot p_2(\underline{x}) \wedge \big(\overline{p_1(\underline{x})} \vee \overline{p_2(\underline{x})} \vee \overline{p_3(\underline{x})}\big)$$
$$p_1(\underline{x}) \cdot \big(p_2(\underline{x}) \cdot \overline{p_3(\underline{x})}\big) = p_1(\underline{x}) \cdot p_2(\underline{x}) \cdot \overline{p_3(\underline{x})}$$
$$p_1(\underline{x}) \cdot p_2(\underline{x}) \cdot \overline{p_3(\underline{x})} = p_1(\underline{x}) \cdot p_2(\underline{x}) \cdot \overline{p_3(\underline{x})}$$

□

Beide Seiten sind äquivalent. Das Beispiel 7.9 führt die Distributivität für $\ominus$ erneut vor.

Beispiel 7.9. (Distributivität)

$$x_1 \cdot (x_2\bar{x}_3 \ominus \bar{x}_1 x_2) = (x_1 \cdot x_2\bar{x}_3) \ominus (x_1 \cdot \bar{x}_1 x_2)$$
$$x_1 \cdot (x_1 x_2 \bar{x}_3) = x_1 x_2 \bar{x}_3$$
$$x_1 x_2 \bar{x}_3 = x_1 x_2 \bar{x}_3$$

7.2 Anwendungen der orthogonalisierenden Differenzbildung

Neben der Anwendung der orthogonalisierenden Differenzbildung ⊖ zweier Produktterme bestehen noch weitere Möglichkeiten, die orthogonalisierende Differenzbildung einzusetzen. Diese einzelnen Anwendungsbereiche sollen separat vorgestellt und mit Beispielen veranschaulicht werden.

7.2.1 Orthogonalisierende Differenzbildung zwischen einer DF und einem Produktterm

Für die orthogonalisierende Differenz zwischen einer orthogonalen Funktion $f_m(\underline{x})^{orth}$ der disjunktiven Form als Minuend und einem Produktterm $p_s(\underline{x})$ als Subtrahend wird eine Gleichung, die in der Definition 7.3 aufgeführt ist, hergeleitet:

Definition 7.3. (DF ⊖ Produktterm)
Mit $l_m, n, n' \in \mathbf{N}$ gilt:

$$f_m(\underline{x})^{orth} \ominus p_s(\underline{x}) = \bigvee_{i=1}^{l_m} p_i(\underline{x}) \ominus p_s(\underline{x})$$

$$= \bigvee_{i=1}^{l_m} \bigwedge_{m=1}^{n} x_{m,i} \ominus \bigwedge_{s=1}^{n'} x_s := \bigvee_{i=1}^{l_m} \bigwedge_{m=1}^{n} x_{m,i} \wedge \bigvee_{s=1}^{n'_j} \bar{x}_{s_j} \tag{7.17}$$

Zur Vereinfachung wird zusätzlich die Matrizendarstellung gewählt:

$$f_m(\underline{x})^{orth} \ominus p_s(\underline{x}) = \begin{bmatrix} p_1(\underline{x}) \\ p_2(\underline{x}) \\ \vdots \\ p_{l_m}(\underline{x}) \end{bmatrix} \ominus p_s(\underline{x}) := \begin{bmatrix} p_1(\underline{x}) \ominus p_s(\underline{x}) \\ p_2(\underline{x}) \ominus p_s(\underline{x}) \\ \vdots \\ p_{l_m}(\underline{x}) \ominus p_s(\underline{x}) \end{bmatrix} \tag{7.18}$$

■

Die folgenden Punkte erklären die Anwendung der Gleichung aus der Definition 7.3:

- Die orthogonale Differenzbildung wird zwischen dem ersten Produktterm $p_1(\underline{x})$ der Funktion und dem Subtrahenden-Produktterm $p_s(\underline{x})$ errechnet.
- Anschließend wird mit dem nächsten Produktterm $p_2(\underline{x})$ und dem Subtrahenden $p_s(\underline{x})$ die orthogonale Differenz vollzogen.
- Die Prozedur endet mit dem letzten Produktterm $p_{l_m}(\underline{x})$ der Funktion.
- Die dabei entstandenen Einzelresultate der ⊖-Verknüpfungen sind mit Disjunktionen ∨ zu verknüpfen.

In dem nachfolgenden Beispiel wird die Anwendung der Gleichung aus der Definition 7.3 vorgeführt:

Beispiel 7.10. (DF ⊖ Produktterm)
Gegeben sei eine orthogonale Funktion $f_1(\underline{x})^{orth} = x_4\bar{x}_3\bar{x}_2 \vee x_2$ und der Produktterm $p_1(\underline{x}) = \bar{x}_4 x_1$. Ihre orthogonale Differenz ist zu bestimmen.

$$f_1(\underline{x})^{orth} \ominus p_1(\underline{x}) = \begin{bmatrix} x_4\bar{x}_3\bar{x}_2 \\ x_2 \end{bmatrix} \ominus \begin{bmatrix} \bar{x}_4 x_1 \end{bmatrix} = \begin{bmatrix} x_4\bar{x}_3\bar{x}_2 \ominus \bar{x}_4 x_1 \\ x_2 \ominus \bar{x}_4 x_1 \end{bmatrix} = \ldots = \begin{bmatrix} x_4\bar{x}_3\bar{x}_2 \\ x_4 x_2 \\ \bar{x}_4 x_2 \bar{x}_1 \end{bmatrix}$$

Zur Verifizierung wird die Berechnung in KV-Diagrammen visualisiert:

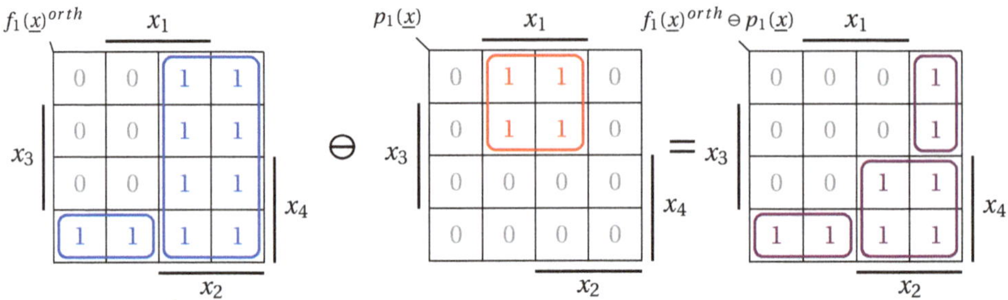

Bild 7.5 Beispiel 7.10 in KV-Diagrammen

Mit der Unterstützung der KV-Diagramme wird diese Berechnung vereinfacht gezeigt. Der Funktion, welche die blauen Blöcke abbilden, werden die Anteile, die auch in dem roten Block beinhaltet sind (Subtrahend) abgezogen. Der Ergebnis liegt anschließend in orthogonaler Form dar. Das heißt, es sind die violetten Blöcke, welche die restlichen Einsen in einer disjunkten Form abdecken.

7.2.2 Orthogonalisierende Differenzbildung zweier Funktionen

Darüber hinaus können auch zwei Funktionen der disjunktiven Form orthogonalisierend differenziert werden. Für die orthogonalisierende Differenzbildung zweier Funktionen $f_m(\underline{x}), f_s(\underline{x})$ der disjunktiven Form, wobei der Minuend $f_m(\underline{x})^{orth}$ bereits orthogonal vorliegen muss, gilt die Gleichung der Definition 7.4.

Definition 7.4. ($\mathrm{DF}_m \ominus \mathrm{DF}_s$)
Mit $\acute{n}, \acute{n}' \in \mathbf{N}$ gilt:

$$f_m(\underline{x})^{orth} \ominus f_s(\underline{x}) := \bigvee_{k=1}^{\acute{n}} p_k(\underline{x}) \ominus \bigvee_{l=1}^{\acute{n}'} p_l(\underline{x}) = \bigvee_{k=1}^{\acute{n}} \bigwedge_{m=1}^{n} x_{m,k} \wedge \bigwedge_{l=1}^{\acute{n}'} \bigvee_{s=1}^{n'_l} \bar{x}_{s_l,l} \tag{7.19}$$

Die folgende Matrizendarstellung unterstützt die vereinfachte Abbildung der Gleichung. Die zugehörigen Produktterme haben die entsprechenden Indizes:

$$f_m(\underline{x})^{orth} \ominus f_s(\underline{x}) = \begin{bmatrix} p_1(\underline{x}) \\ p_2(\underline{x}) \\ \vdots \\ p_{\dot{n}}(\underline{x}) \end{bmatrix}_m \ominus \begin{bmatrix} p_1(\underline{x}) \\ p_2(\underline{x}) \\ \vdots \\ p_{\dot{n}'}(\underline{x}) \end{bmatrix}_s \tag{7.20}$$

$$:= \begin{bmatrix} (p_{1m}(\underline{x}) \ominus p_{1s}(\underline{x})) \wedge (p_{1m}(\underline{x}) \ominus p_{2s}(\underline{x})) \wedge .. \wedge (p_{1m}(\underline{x}) \ominus p_{\dot{n}'s}(\underline{x})) \\ (p_{2m}(\underline{x}) \ominus p_{1s}(\underline{x})) \wedge (p_{2m}(\underline{x}) \ominus p_{2s}(\underline{x})) \wedge .. \wedge (p_{2m}(\underline{x}) \ominus p_{\dot{n}'s}(\underline{x})) \\ \vdots \\ (p_{\dot{n}m}(\underline{x}) \ominus p_{1s}(\underline{x})) \wedge (p_{\dot{n}m}(\underline{x}) \ominus p_{2s}(\underline{x})) \wedge .. \wedge (p_{\dot{n}\dot{n}'}(\underline{x}) \ominus p_{\dot{n}'s}(\underline{x})) \end{bmatrix}$$

■

Die Anwendung der Gleichungen aus der Definition 7.4 wird mit den folgenden Punkten erläutert:

- Der erste Produktterm $p_{1m}(\underline{x})$ des Minuenden wird der Reihe nach mit allen Produkttermen des Subtrahenden mit $\ominus$ verknüpft. Alle Verknüpfungen sind miteinander verundet. Das Resultat dieser Verknüpfung ergibt den ersten Produktterm bzw. die ersten Produktterme der orthogonalen Differenz-Funktion.
- Nun wird mit dem nächsten Produktterm $p_{2m}(\underline{x})$ des Minuenden gleicherweise fortgefahren.
- Die Prozedur endet mit dem letzten Produktterm $p_{\dot{n}m}(\underline{x})$ des Minuenden.

Es ist von hoher Notwendigkeit, alle Zwischenergebnisse jeder einzelnen $\ominus$-Verknüpfung in Betracht zu ziehen. Dabei sind die zuvor aufgestellten Axiome zu berücksichtigen. Wenn z.B. die Kombination aus den Produkttermen $p_k(\underline{x}) \ominus p_l(\underline{x}) = 0$ ist, so wird die gesamte Zeile auf Grund der Beziehung $x_i \wedge 0 = 0$ zur 0.

Da bereits die orthogonalisierende Differenzbildung auf allgemeine Gültigkeit bewiesen wurde, besteht hierbei nicht die Notwendigkeit, die Gleichung aus der Definition 7.4 auf Gültigkeit zu untersuchen, weil alle einzelnen Teilverknüpfungen für sich allgemeingültig sind und daher aus logischer Schlussfolgerung die Allgemeingültigkeit insgesamt gewährgeleistet wird. Befinden sich die beiden Funktionen bereits in einem orthogonalen Verhältnis zueinander ($f_s(\underline{x}) \perp f_m(\underline{x})^{orth}$), so kann keine Differenz zwischen diesen gebildet werden und es gilt damit:

$$f_m(\underline{x})^{orth} \ominus f_s(\underline{x}) = f_m(\underline{x})^{orth} \tag{7.21}$$

Ein weiteres Beispiel illustriert die Anwendung der orthogonalisierenden Differenzbildung zweier DF.

Beispiel 7.11. ($DF_m \ominus DF_s$)
Gegeben seien zwei Funktionen $f_1(\underline{x})^{orth} = x_1 \vee \bar{x}_4\bar{x}_3\bar{x}_2\bar{x}_1$ und $f_2(\underline{x}) = \bar{x}_4\bar{x}_2 \vee x_3\bar{x}_2x_1$, dessen orthogonale Differenz zu errechnen ist.

$$f_1(\underline{x})^{orth} \ominus f_2(\underline{x}) = \begin{bmatrix} x_1 \\ \bar{x}_1\bar{x}_2\bar{x}_3\bar{x}_4 \end{bmatrix} \ominus \begin{bmatrix} \bar{x}_2\bar{x}_4 \\ x_1\bar{x}_2x_3 \end{bmatrix}$$

$$= \begin{bmatrix} (x_1 \ominus \bar{x}_2\bar{x}_4) \wedge (x_1 \ominus x_1\bar{x}_2x_3) \\ (\bar{x}_1\bar{x}_2\bar{x}_3\bar{x}_4 \ominus \bar{x}_2\bar{x}_4) \wedge (\bar{x}_1\bar{x}_2\bar{x}_3\bar{x}_4 \ominus x_1\bar{x}_2x_3) \end{bmatrix}$$

$$= \begin{bmatrix} x_1x_2 \vee x_1\bar{x}_2\bar{x}_3x_4 \\ 0 \end{bmatrix} = \begin{bmatrix} x_1x_2 \\ x_1\bar{x}_2\bar{x}_3x_4 \end{bmatrix}$$

Zur Verifizierung in KV-Diagrammen dargestellt:

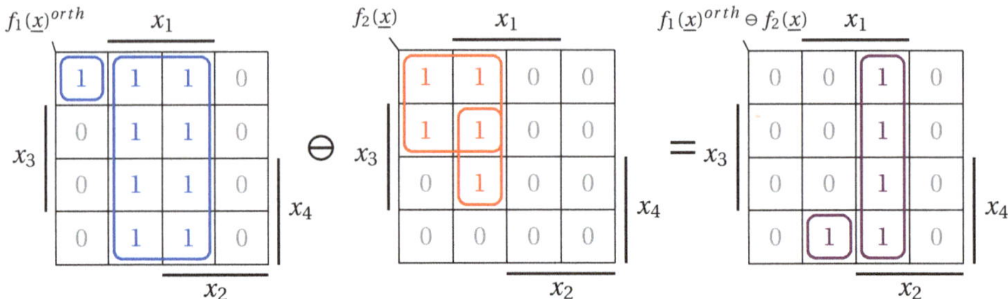

Bild 7.6 Beispiel 7.11 im KV-Diagramm

Das Ergebnis dieser Berechnung ergibt nämlich eine orthogonale Funktion der disjunktiven Form, welche die restliche Einsen aus der Differenz mit disjunkten Blöcken darstellt.

7.2.3 Orthogonale Negierte einer Funktion

Eine weitere Anwendung von $\ominus$ ist die Berechnung einer orthogonalen Negierten einer Funktion der disjunktiven Form. Die zugehörige Gleichung leitet sich aus der Definition in der Mengenlehre ab und wird mithilfe des Isomorphismus in die Schaltalgebra übertragen. Der Mengenunterschied zwischen dem Universum G und einer Menge A entspricht der Menge $\bar{A}$, die das Komplement der gegebenen Menge A ist. Es gilt $G - A = \bar{A}$. Somit kann das Komplement einer Funktion $\bar{f}(\underline{x})$ errechnet werden, indem die Differenz der Einsfunktion $f(1)$ und einer Funktion $f(\underline{x})$ gebildet wird. Es folgt:

$$f(1) - f(\underline{x}) = \overline{f(\underline{x})} \quad \longrightarrow \quad f(1) \wedge \overline{f(\underline{x})} = \overline{f(\underline{x})} \tag{7.22}$$

Da beide Methoden $\ominus$ und $-$ äquivalent sind, was zuvor bewiesen wurde, darf anstelle des $-$ Zeichens die $\ominus$-Verknüpfung eingesetzt werden. Mit dieser Substitution erfolgt die folgende Definition zur Ermittlung der orthogonalen Negierten einer DF:

Definition 7.5. (Orthogonale Negierte einer DF)
Mit $n, n' \in \mathbf{N}$ gilt:

$$\overline{f(\underline{x})}^{orth} = f(1) \ominus f(\underline{x}) = 1 \ominus \bigvee_{k=1}^{n} p_k(\underline{x}) = \bigwedge_{l=1}^{n} (1 \ominus p_k(\underline{x})) \tag{7.23}$$

$$= \bigwedge_{l=1}^{n} (1 \ominus \bigwedge_{s=1}^{n'} x_{s_j,k}) = \bigwedge_{l=1}^{n} (1 \wedge \bigvee_{s=1}^{n'_j} \bar{x}_{s_j,k})$$

Die Gültigkeit der Beziehung $1 \ominus \bigvee_{k=1}^{\dot{n}'} p_k(\underline{x}) = \bigwedge_{l=1}^{\dot{n}'} (1 \ominus p_k(\underline{x}))$ wird nachfolgend belegt und damit gezeigt, dass die rechte und die linke Seite gleichwertig sind und somit für die Negation einer DF anwendbar ist. Für den Beweis wir $\dot{n}' = 2$ gewählt:

Beweis.

$$1 \ominus \bigvee_{k=1}^{2} p_k(\underline{x}) \stackrel{?}{=} \bigwedge_{l=1}^{2} (1 \ominus p_k(\underline{x}))$$

$$1 \ominus (p_1(\underline{x}) \vee p_2(\underline{x})) = (1 \ominus p_1(\underline{x})) \wedge (1 \ominus p_2(\underline{x}))$$

$$1 \wedge \overline{(p_1(\underline{x}) \vee p_2(\underline{x}))} = (1 \wedge \overline{p_1(\underline{x})}) \wedge (1 \wedge \overline{p_2(\underline{x})})$$

$$1 \wedge \overline{p_1(\underline{x})} \wedge \overline{p_2(\underline{x})} = \overline{p_1(\underline{x})} \wedge \overline{p_2(\underline{x})}$$

$$\overline{p_1(\underline{x})} \wedge \overline{p_2(\underline{x})} = \overline{p_1(\underline{x})} \wedge \overline{p_2(\underline{x})}$$

□

Zusätzlich wird mit einem Beispiel ihre Anwendung gezeigt:

Beispiel 7.12.
Gegeben sei eine Funktion $f_1(\underline{x}) = x_1 \vee x_2\bar{x}_3$ und gesucht ist ihre Negierte in orthogonaler Form:

$$f(1) \ominus f_1(\underline{x}) = \begin{bmatrix} 1 \end{bmatrix} \ominus \begin{bmatrix} x_1 \\ x_2\bar{x}_3 \end{bmatrix}$$

$$= \begin{bmatrix} (1 \ominus x_1) \wedge (1 \ominus x_2\bar{x}_3) \end{bmatrix} = \begin{bmatrix} \bar{x}_1 \wedge (\bar{x}_2 \vee x_2 x_3) \end{bmatrix}$$

$$= \begin{bmatrix} \bar{x}_1\bar{x}_2 \vee \bar{x}_1 x_2 x_3 \end{bmatrix} = \begin{bmatrix} \bar{x}_1\bar{x}_2 \\ \bar{x}_1 x_2 x_3 \end{bmatrix}$$

Zur Verifizierung in KV-Diagrammen dargestellt:

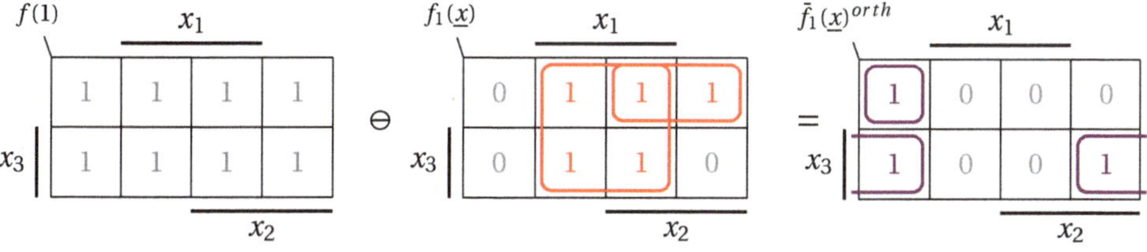

Bild 7.7 Beispiel 7.12 in KV-Diagrammen

Am Ende der Berechnung wird die orthogonale Negierte ermittelt, was auch in den KV-Diagrammen illustriert ist. Zusätzlich besteht eine weitere Möglichkeit, die orthogonale Negierte mithilfe einer weiteren Ableitung zu berechnen. Das bedeutet, dass durch die fortlaufende $\ominus$-Berechnung auf dasselbe Resultat gelangt werden kann.

Definition 7.6. (Orthogonale Negierte 2 einer DF)
Mit $n \in \mathbf{N}$ gilt:

$$\overline{f(\underline{x})}^{orth} := f(1) \ominus \bigominus_{i=k}^{n} p_k(\underline{x}) = 1 \ominus p_1(\underline{x}) \ominus p_2(\underline{x}) \ominus \ldots \ominus p_k(\underline{x}) \tag{7.24}$$

Das folgende Beispiel illustriert auch diese Möglichkeit der Ermittlung einer orthogonalen Negierten.

Beispiel 7.13.
Gegeben sei dieselbe Funktion $f_1(\underline{x}) = x_1 \vee x_2\bar{x}_3$ und gesucht ist ihre Negierte in orthogonaler Form:

$$f(1) \ominus f_1(\underline{x}) = 1 \ominus x_1 \ominus x_2\bar{x}_3 = \bar{x}_1 \ominus x_2\bar{x}_3 = \bar{x}_1\bar{x}_2 \vee \bar{x}_1 x_2 x_3$$

Leicht zu erkennen ist die Übereinstimmung dieses Ergebnisses mit dem Ergebnis des vorherigen Beispieles.

Zu diesen beiden Methoden, die eine Errechnung einer orthogonalen Negierten jeder DF ermöglichen, wurden Messungen bezüglich Rechenzeit und Anzahl der Terme im orthogonalen Negierten durchgeführt. Diese haben gezeigt, dass die neuen Methoden im Vergleich zu einem herkömmlichen Negieren deutliche Vorteile mit sich bringen. Bei diesen Messungen entstanden Verbesserungen um Faktoren von 100. Weiter soll hier aber darauf nicht mehr eingegangen werden.

7.2.4 Orthogonalisierung

Da die Verknüpfungstechnik $\ominus$ die Eigenschaft besitzt, orthogonale Ergebnisse zu erzielen, wird eine weitere Gleichung hergeleitet, mit der eine Orthogonalisierung einer Booleschen Funktion der disjunktiven Form erreicht werden kann. Damit kann die orthogonale Form jeder disjunktiven Form DF, die aus mindestens zwei Produkttermen $p_{i,j}(\underline{x})$ besteht, mit der Formel 7.25 entwickelt werden. Um die Übersicht zu bewahren, wird zur Darstellung der Gleichung die Matrizendarstellung gewählt. Einzelne Zeilen der Matrize sind durch Disjunktionen ($\vee$) miteinander verknüpft, die hier nicht aufgeführt werden. Mit $N > 1$ als Anzahl der vorhandenen Produktterme in der zu orthogonalisierenden Funktion gilt folglich:

Definition 7.7. (Orthogonalisierung einer DF)

$$f(\underline{x})^{orth} := \bigvee_{k=0}^{N-1} \left(\ominus_{i=k+1}^{N} p_i(\underline{x}) \right) = \begin{bmatrix} p_1(\underline{x}) \ominus p_2(\underline{x}) \ominus \ldots \ominus p_{N-1}(\underline{x}) \ominus p_N(\underline{x}) \\ p_2(\underline{x}) \ominus \ldots \ominus p_{N-1}(\underline{x}) \ominus p_N(\underline{x}) \\ \vdots \\ p_{N-1}(\underline{x}) \ominus p_N(\underline{x}) \\ p_N(\underline{x}) \end{bmatrix} \tag{7.25}$$

Die Reihenfolge der $\ominus$-Berechnung ist auf Grund der fehlenden Kommutativität einzuhalten. Das bedeutet, dass zunächst die ersten beiden Produktterme zu berechnen sind und anschließend das Ergebnis mit dem nachfolgenden Produktterm usw. Die allgemeine Gültigkeit wird mit dem Beweis aus Abschnitt 8.14 erbracht. Die nachfolgenden Punkte erläutern die Anwendung der Formel 7.25:

- Zunächst wird zwischen dem ersten und dem zweiten Produktterm, die orthogonalisierende Differenzbildung nach der Definition 7.1 durchgeführt, $p_1(\underline{x}) \ominus p_2(\underline{x})$. Anschließend wird die orthogonalisierende Differenzbildung mit dem Ergebnis und dem dritten Produktterm $p_3(\underline{x})$ durchgeführt. Diese Prozedur wird bis zum letzten Term in der ersten Zeile fortgeführt. Damit wird das Resultat der ersten Zeile ermittelt, welches aus einem oder mehreren disjunkten Produkttermen bestehen kann.
- Nun wird in der zweiten Zeile die orthogonalisierende Differenzbildung mit dem zweiten Produktterm $p_2(\underline{x})$ beginnend bis zum letzten Produktterm $p_n(\underline{x})$ errechnet. Folglich führt dies zum Resultat der zweiten Zeile.
- Im nächsten Schritt wird in der dritten Zeile mit dem dritten Produktterm $p_3(\underline{x})$ fortgefahren usw.
- Mit dem letzten Produktterm $p_n(\underline{x})$ der letzten Zeile endet das Verfahren, das als unverändert im Ergebnis nun vorliegt.
- Die Einzelresultate jeder Zeile sind mit einer Disjunktion $\vee$ miteinander verknüpft.
- Die Postulate 1–4 (Formel 7.10 bis Formel 7.13) zur $\ominus$ sind hier zu berücksichtigen, um ein korrektes Ergebnis zu erzielen

Beispiel 7.14. (Orthogonalisieren der Funktion $f_4(\underline{x})$)
Gegeben sei die Funktion $f_4(\underline{x}) = \bar{x}_2\bar{x}_1 \vee x_1 \vee x_3$, welche zu orthogonalisieren ist. Die Anzahl der Produktterme beträgt hier $N = 3$, so wird die Gleichung aus Definition 7.25 in Folgendes reduziert, um die orthogonale Form der Funktion $f_4(\underline{x})$ zu ermitteln:

$$f_4(\underline{x})^{orth} = \begin{bmatrix} p_1(\underline{x}) \ominus p_2(\underline{x}) \ominus p_3(\underline{x}) \\ p_2(\underline{x}) \ominus p_3(\underline{x}) \\ p_3(\underline{x}) \end{bmatrix}$$

Nun werden die Produktterme eingesetzt und die Berechnung durchgeführt:

$$f_4(\underline{x})^{orth} = \begin{bmatrix} \bar{x}_2\bar{x}_1 \ominus x_1 \ominus x_3 \\ x_1 \ominus x_3 \\ x_3 \end{bmatrix} = \begin{bmatrix} \bar{x}_2\bar{x}_1 \ominus x_3 \\ \bar{x}_3 x_1 \\ x_3 \end{bmatrix} = \begin{bmatrix} \bar{x}_3\bar{x}_2\bar{x}_1 \\ \bar{x}_3 x_1 \\ x_3 \end{bmatrix} = \bar{x}_3\bar{x}_2\bar{x}_1 \vee \bar{x}_3 x_1 \vee x_3$$

Somit wurde eine der orthogonalen Formen der Funktion $f_4(\underline{x})$ gefunden. Beide sind in KV-Diagrammen abgebildet, um Form ihrer Überdeckung nochmals zeigen zu können.

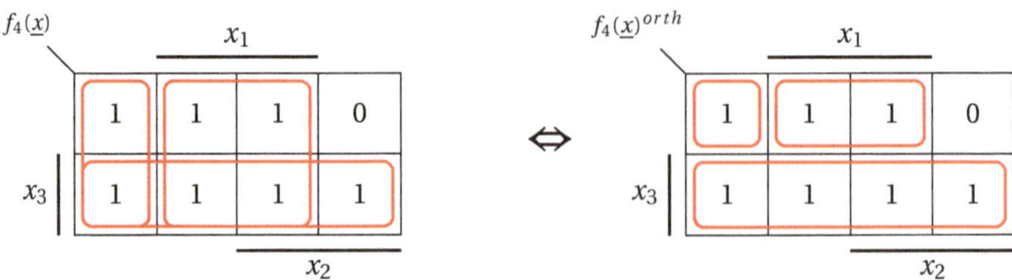

Bild 7.8 Beide Formen im KV-Diagramm

Unabhängig von der Reihenfolge der Produktterme einer gegebenen Funktion kann die orthogonale Lösung variieren. Da eine disjunktive Form die Eigenschaft der Kommutativität besitzt, darf die Reihenfolge der Produktterme verändert werden. Die Funktion bleibt in jedem Fall erhalten. Dabei ändert sich nicht der Wert der gegebenen Funktion. Jedoch sind alle orthogonalen Lösungen gleichwertig. Sie werden sich lediglich in ihrer Form der Abdeckung der Einsen unterscheiden, wenn die Betrachtung auf das KV-Diagramm gelenkt werden sollte. Nichtsdestotrotz bringt die Umstellung der Produktterme den Vorteil, eine orthogonale Lösung zu erreichen, die eine geringere Anzahl an Produkttermen im orthogonalen Resultat besitzt, diese soll mit N_{orth} bezeichnet werden. Weiter folgende Berechnungen im Anschluss würden mit geringer Anzahl an Operationen durchgeführt werden, wenn die Orthogonale bereits in reduzierter Form vorliegt. Die Sortierung erfolgt von Produkttermen, die eine höhere Anzahl an Variablen beinhalten, zu Produkttermen, die eine geringere Anzahl an Variablen beinhalten. An einem weiteren Beispiel wird der Vorteil einer Umsortierung vorgeführt.

Beispiel 7.15. (Orthogonalisieren mit und ohne einer Sortierung)
Die Funktion $f_1(\underline{x}) = \bar{x}_3 \vee x_1x_2 \vee x_1x_3$ wird zunächst orthogonalisiert und anschließend im KV-Diagramm visualisiert.

$$\begin{aligned} f_1(\underline{x}) &= \left(\bar{x}_3 \ominus x_1x_2 \ominus x_1x_3\right) \vee \left(x_1x_2 \ominus x_1x_3\right) \vee x_1x_3 \\ &= \underbrace{\left(\left(\bar{x}_1\bar{x}_3 \vee x_1\bar{x}_2\bar{x}_3\right) \ominus x_1x_3\right)}_{\text{Regel 1}} \vee x_1x_2\bar{x}_3 \vee x_1x_3 \\ &= \bar{x}_1\bar{x}_3 \vee x_1\bar{x}_2\bar{x}_3 \vee x_1x_2\bar{x}_3 \vee x_1x_3 \end{aligned}$$

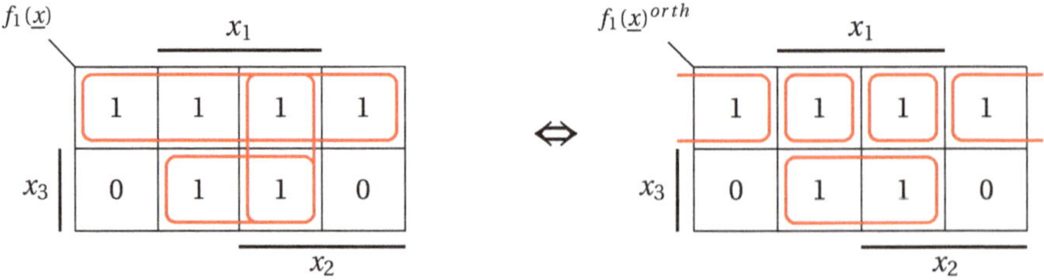

Bild 7.9 Beide Formen im KV-Diagramm

Die orthogonale Form $f_1(\underline{x})^{orth}$ beinhaltet vier Produktterme, die orthogonal zueinander sind. Es gilt $N_{orth} = 4$. Nun, wird $f_1(\underline{x})$ zuvor sortiert und anschließend orthogonalisiert. Damit folgt: ${}^{sort}f_1(\underline{x}) = x_1x_2 \vee x_1x_3 \vee \bar{x}_3$.

$$
\begin{aligned}
{}^{sort}f_1(\underline{x}) &= \left(x_1x_2 \ominus x_1x_3 \ominus \bar{x}_3\right) \vee \underbrace{\left(x_1x_3 \ominus \bar{x}_3\right)}_{\text{Regel 1}} \vee \bar{x}_3 \\
&= \underbrace{\left(x_1x_2\bar{x}_3 \ominus \bar{x}_3\right)}_{=0 \text{ Regel 4}} \vee x_1x_3 \vee \bar{x}_3 \\
&= x_1x_3 \vee \bar{x}_3
\end{aligned}
$$

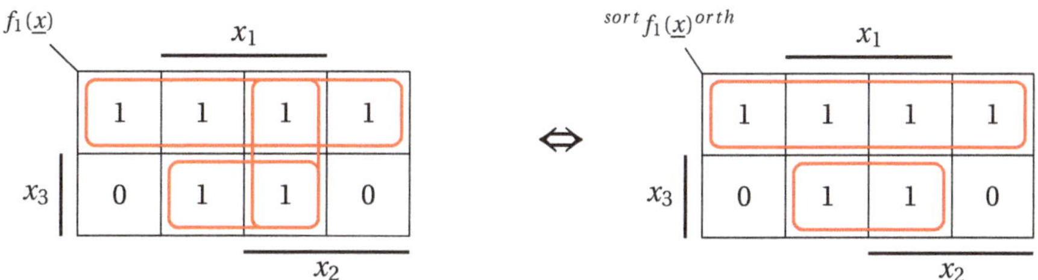

Bild 7.10 Beide Formen im KV-Diagramm

Die orthogonale Form ${}^{sort}f_1(\underline{x})^{orth}$, die zuvor sortiert wurde, beinhaltet zwei Produktterme, die orthogonal zueinander sind und dieselben Einsen überdecken. Es folgt $N_{orth} = 2$. Eine zuvor sortierte Funktion führt immer zu einem Ergebnis mit geringerer Anzahl an Produkttermen.

7.2.5 Berechnung einer Redundanz- und Irredundanzfunktion

Ein weiterhin bestehendes Problem in der Schaltalgebra besteht darin, eine gegebene Schaltung bzw. ihre Schaltfunktion in zwei getrennte Funktionseinheiten aufzuteilen, welche zum Einen die nicht redundanten Anteile und zum Anderen die redundanten Anteile getrennt abbilden. In diesem Kapitel wird eine neue Gleichung vorgestellt, welche die Errechnung einer Irredundanzfunktion ermöglicht. Eine Irredundanzfunktion ist eine Funktion, welche die nicht redundanten Anteile einer Schaltfunktion beinhaltet. Diese neue Gleichung entsteht durch eine Ableitung der neuen Verknüpfungsmethode der orthogonalisierenden Differenzbildung $\ominus$. Zusätzlich wird mit der Hilfe der Bi-Dekomposition die andere Teilfunktion der Schaltfunktion errechnet, welche nun die redundanten Anteile abbildet. Diese Unterfunktion wird als Redundanzfunktion bezeichnet.

7.2.5.1 Bi-Dekomposition von Schaltfunktionen

Die Bi-Dekomposition basiert auf dem Teile-und-Herrsche-Prinzip und ermöglicht die Zerlegung einer Schaltfunktion in zwei Unterfunktionen, wobei beide Unterfunktionen logisch miteinander verknüpft die Schaltfunktion ergeben müssen, d.h. die Komposition beider Unterfunktionen. Diese Methode wird zum Synthetisieren von Booleschen Funktionen verwendet. Hierbei wird die Bi-Dekomposition einer Schaltfunktion $f(\underline{x})$ durchgeführt, indem sie in zwei Unterfunktionen zerlegt wird, nämlich die Redundanzfunktion $f^R(\underline{x})$ und die Irredundanzfunktion $f^{IR}(\underline{x})$ nach der Formel,

$$f(\underline{x}) = \pi\left(f^R(\underline{x}), f^{IR}(\underline{x})\right) \tag{7.26}$$

dabei ist mit π ein binärer Operator der Vereinigung $\cup$ gekennzeichnet. Diese Beziehung ist durch eine Gatterdarstellung im Bild 7.11 visualisiert. Die beiden Unterfunktionen $f^{IR}(\underline{x})$ und $f^R(\underline{x})$ sind als Gatter dargestellt, die durch ein π-Gatter miteinander verbunden sind. Durch Rekursion – Komposition der Unterfunktionen – wird die ursprüngliche Schaltfunktion wieder erlangt [LS03].

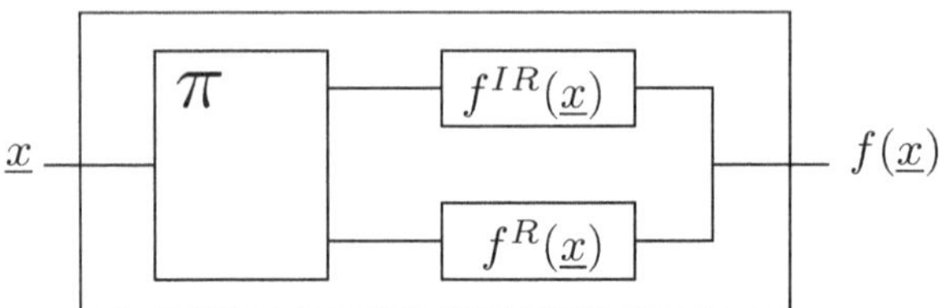

Bild 7.11 Bi-Dekomposition einer Schaltfunktion

Die Irredundanzfunktion $f^{IR}(\underline{x})$ ist die Unterfunktion einer Schaltfunktion $f(\underline{x})$, welche die nicht redundanten Produktterme p_i^{IR} bzw. Minterme der Schaltfunktion, die aus den Produkttermen p_i besteht, beinhaltet und diese abbildet. Zusätzlich besitzt die Irredundanzfunktion die Eigenschaft, dass das paarweise Verunden ihrer Produktterme die 0 ergibt und damit als orthogonal bezeichnen ist.

Definition 7.8. (Irredundanzfunktion $f^{IR}(\underline{x})$)
Für $f^{IR}(\underline{x}) \subseteq f(\underline{x})$ mit $p_i^{IR} \subseteq p_i$ gilt:

$$f^{IR}(\underline{x}) = \bigvee_{i=1}^{m} p_i^{IR}(\underline{x}) \quad \text{wobei} \quad p_i^{IR} \wedge p_j^{IR} = 0,\ i \neq j \tag{7.27}$$

■

Dagegen ist die Redundanzfunktion $f^R(\underline{x})$ die Unterfunktion der Schaltfunktion $f(\underline{x})$, welche die redundanten Produktterme p_i^R bzw. Minterme der Schaltfunktion abbildet. Auch sie enthält disjunkte Produktterme.

Definition 7.9. (Redundanzfunktion $f^R(\underline{x})$)
Für $f^R(\underline{x}) \subseteq f(\underline{x})$ mit $p_i^R \subseteq p_i$ gilt:

$$f^R(\underline{x}) = \bigvee_{i=1}^{m} p_i^R(\underline{x}) \quad \text{wobei} \quad p_i^R \wedge p_j^R = 0,\ i \neq j,\quad p_i^R \neq p_j^{IR},\quad p_i^R \not\subseteq p_j^{IR} \tag{7.28}$$

■

Wie bereits erwähnt, führt die π-Komposition beider Unterfunktionen zur ursprünglichen Schaltfunktion $f(\underline{x})$.

$$f(\underline{x}) = f^R(\underline{x}) \vee f^{IR}(\underline{x}) \tag{7.29}$$

Aus dieser Beziehung aus der Formel 7.29 kann durch die Umkehrung eine der Unterfunktionen errechnet werden, hier ist es die Redundanzfunktion $f^R(\underline{x})$. Denn in den darauffolgendem Unterpunkt wird eine neue Gleichung vorgestellt, mit der die Irredundanzfunktion $f^{IR}(\underline{x})$ jeder Schaltfunktion errechnet werden kann. Diese neue Gleichung basiert auf einer Variation der Methode der orthogonalisierenden Differenzbildung $\ominus$.

$$f^R(\underline{x}) = f(\underline{x}) \setminus f^{IR}(\underline{x}) = f(\underline{x}) \wedge \overline{f^{IR}(\underline{x})} \tag{7.30}$$

Somit erfolgt die Berechnung von $f^R(\underline{x})$ über die Differenz der Schaltfunktion $f(\underline{x})$ und Irredundanzfunktion $f^{IR}(\underline{x})$, welche zur Konjunktion von $f(\underline{x})$ mit dem Komplement von $f^{IR}(\underline{x})$ abgeleitet wird (Formel 7.30), wie in Bild 7.12 veranschaulicht.

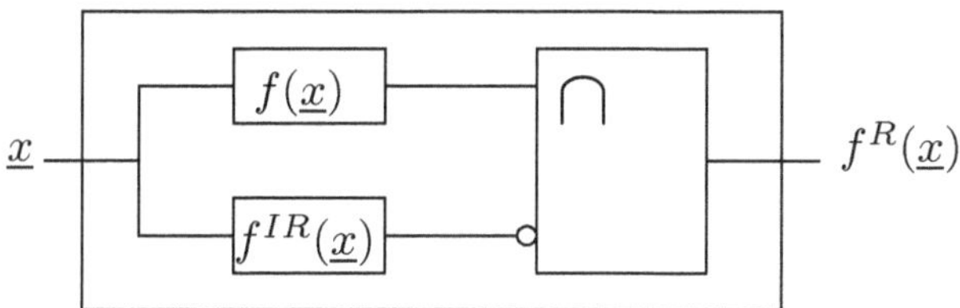

Bild 7.12 Komposition von $f(\underline{x})$ und der Irredundanzfunktion $f^{IR}(\underline{x})$

7.2.5.2 Berechnung der Irredundanzfunktion

Eine disjunktive Form DF kann redundante Produktterme $p_i(\underline{x})$ beinhalten, welche einen oder mehrere Minterme mehrfach abdecken. Diese Redundanz ist jedoch bei einigen kombinatorischen Schaltungsentwürfen wünschenswert, um Hazardfehler zu vermeiden. Hazards können durch Verzögerungen der Gatter entstehen, die zur unerwünschten Schaltungszuständen führen. Das Hinzufügen oder Entfernen eines redundanten Produktterms ändert den Wert der Schaltfunktion nicht. Es gab jedoch noch keine formelle Beschreibung der entsprechenden Redundanzen einer Schaltfunktion, mit der die exakte Lage anzugeben ist. Andererseits existiert auch keine Gleichung, mit der eine Irredundanzfunktion berechnet werden kann. Basierend auf der Verknüpfungsmethode $\ominus$ wird hier eine neue Formel 7.31 vorgestellt, welche die Bestimmung einer Irredundanzfunktion jeder Schaltfunktion ermöglicht. Mithilfe der Umkehrung der Bi-Komposition kann schließlich die Redundanzfunktion der gegebenen Schaltfunktion gelöst werden.

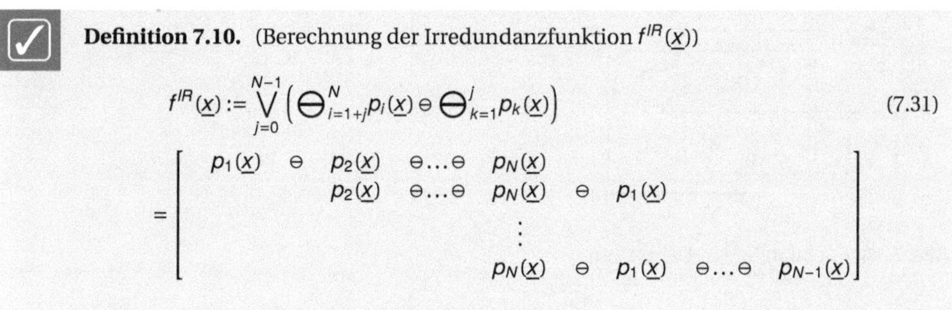

Definition 7.10. (Berechnung der Irredundanzfunktion $f^{IR}(\underline{x})$)

$$f^{IR}(\underline{x}) := \bigvee_{j=0}^{N-1} \left(\ominus_{i=1+j}^{N} p_i(\underline{x}) \ominus \ominus_{k=1}^{j} p_k(\underline{x}) \right) \tag{7.31}$$

$$= \begin{bmatrix} p_1(\underline{x}) \ominus p_2(\underline{x}) \ominus \ldots \ominus p_N(\underline{x}) & & \\ p_2(\underline{x}) \ominus \ldots \ominus p_N(\underline{x}) \ominus p_1(\underline{x}) & & \\ \vdots & & \\ p_N(\underline{x}) \ominus p_1(\underline{x}) \ominus \ldots \ominus p_{N-1}(\underline{x}) & & \end{bmatrix}$$

■

Die Formel 7.31 ist wie folgt zu interpretieren. Die orthogonalisierende Differenzbildung $\ominus$ jedes Produktterms unter Beibehaltung der wiederkehrenden Reihenfolge muss durchgeführt werden. Jedes einzelne Ergebnis ist durch die Disjunktion miteinander verbunden. Ihre Allgemeingültigkeit wird mit dem Beweis aus dem Abschnitt 8.15 belegt. Um diesen Prozess der Berechnungslinie vereinfacht darzulegen, ist eine entsprechende Gatterdarstellung präsentiert, welche sozusagen die Formel 7.31 abbildet.

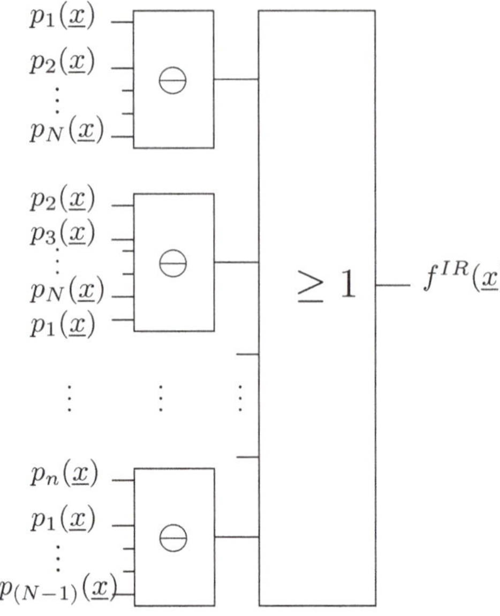

Bild 7.13 Formel 7.31 in Gatterdarstellung

Das folgende Beispiel illustriert sowohl die Anwendung der neuen Formel 7.31 als auch der Bi-Komposition.

Beispiel 7.16.
Gegeben sei die Funktion $f_1(\underline{x}) = x_1 \vee (x_2 \oplus x_3)$ und ihre Abbildung in einem KV-Diagramm (Bild 7.14). Zu ermitteln ist die zugehörige Irredundanzfunktion $f_1^{IR}(\underline{x})$.

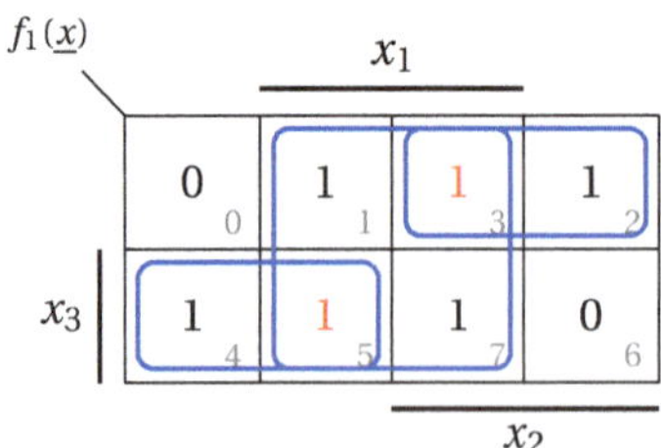

Bild 7.14 Funktion im KV-Diagramm

Im KV-Diagramm sind an zwei Stellen (Indizes $i_R = \{3, 5\}$) die reduntanten Anteile vorhanden. Zuerst aber ist die gegebene Funktion in eine disjunktive Form umzuwandeln.

$$f_1(\underline{x}) = x_1 \vee (x_2 \oplus x_3) = x_1 \vee x_2\bar{x}_3 \vee \bar{x}_2 x_3$$

Anschließend wird die Irredundanzfunktion mit der Formel 7.31 ermittelt, welche auch die Indizes der irredundanten Anteile wiedergibt, wenn der binäre Wert ihrer Produktterme in hex-Zahl bzw. dez-Zahl umgerechnet wird

$$\begin{aligned} f_1^{IR}(\underline{x}) &= \left(x_1 \ominus x_2\bar{x}_3 \ominus \bar{x}_2 x_3\right) \vee \left(x_2\bar{x}_3 \ominus \bar{x}_2 x_3 \ominus x_1\right) \vee \left(\bar{x}_2 x_3 \ominus x_1 \ominus x_2\bar{x}_3\right) \\ &= \left((x_1\bar{x}_2 \vee x_1 x_2 x_3) \ominus \bar{x}_2 x_3\right) \vee \left(x_2\bar{x}_3 \ominus x_1\right) \vee \left(\bar{x}_1\bar{x}_2 x_3 \ominus x_2\bar{x}_3\right) \\ &= x_1\bar{x}_2\bar{x}_3 \vee x_1 x_2 x_3 \vee \bar{x}_1 x_2\bar{x}_3 \vee \bar{x}_1\bar{x}_2 x_3 \end{aligned}$$

$f_1^{IR}(\underline{x})$ ist in dem KV-Diagramm (Bild 7.15) wiedergegeben.

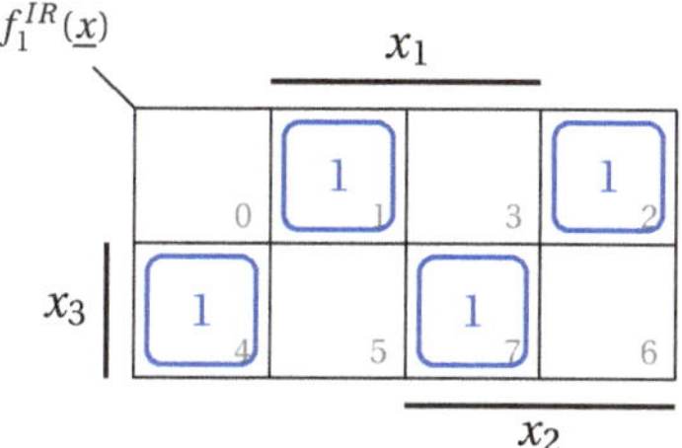

Bild 7.15 Irredundanzfunktion im KV-Diagramm

Als Nächstes wird die Redundanzfunktion $f^R(\underline{x})$ mittels der Umkehrung aus Formel 7.30 errechnet.

$$\begin{aligned} f_1^R(\underline{x}) &= f_1(\underline{x}) \wedge \overline{f_1^{IR}(\underline{x})} \\ &= \left(x_1 \vee x_2\bar{x}_3 \vee \bar{x}_2 x_3\right) \wedge \overline{\left(x_1\bar{x}_2\bar{x}_3 \vee x_1 x_2 x_3 \vee \bar{x}_1 x_2\bar{x}_3 \vee \bar{x}_1\bar{x}_2 x_3\right)} \\ &= \left(x_1 \vee x_2\bar{x}_3 \vee \bar{x}_2 x_3\right) \wedge \left(\bar{x}_1\bar{x}_2\bar{x}_3 \vee x_1\bar{x}_2 x_3 \vee x_1 x_2\bar{x}_3 \vee \bar{x}_1 x_2 x_3\right) \\ &= x_1\bar{x}_2 x_3 \vee x_1 x_2\bar{x}_3 \end{aligned}$$

Die Redundanzfunktion $f_1^R(\underline{x})$ besteht aus zwei Mintermen.

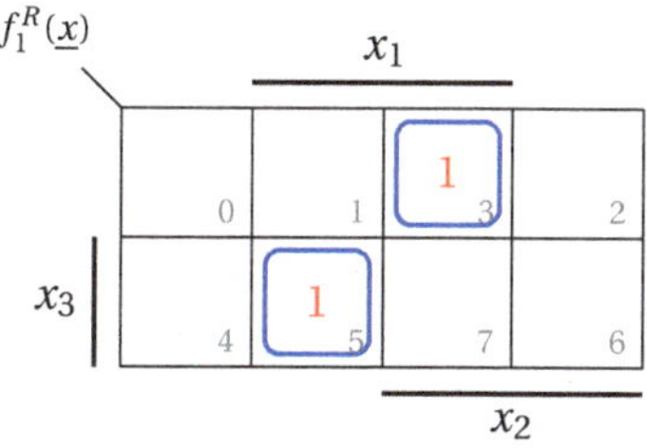

Bild 7.16 Redundanzfunktion im KV-Diagramm

TEIL V

Mathematische Beweise

8 Mathematische Beweise

8.1 Konjunktion von Produkttermen

Beweis.
$\forall(n,n') \in \mathbf{N}\setminus\{1\}, \quad (n,n') \geq n_0$ gilt $A(n,n')$:

$$\bigwedge_{i=1}^{n} x_i \wedge \bigwedge_{j=1}^{n'} x_j = (x_1 \cdot x_2 \ldots \cdot x_n)_i \wedge (x_1 \cdot x_2 \ldots \cdot x_n)_j$$

falls $A(n_0) \wedge \big(\forall(n,n') \in \mathbf{N},\ (n,n') \geq n_0 : A(n,n') \to A((n,n')+1)\big) \Rightarrow \forall(n,n') \in \mathbf{N},$ $(n,n') \geq n_0 : A(n,n')$

Basis: $A(n_0)$: $n_0, n'_0 = 2$

$$\bigwedge_{i=1}^{2} x_i \wedge \bigwedge_{j=1}^{2} x_j = (x_1 \cdot x_2)_i \wedge (x_1 \cdot x_2)_j$$

$$(x_1 \cdot x_2)_i \wedge (x_1 \cdot x_2)_j = (x_1 \cdot x_2)_i \wedge (x_1 \cdot x_2)_j$$

Induktionsschritt: $A(n,n') \to A(n+1,n'+1)$: $n \to n+1$ und $n' \to n'+1$

$$\bigwedge_{i=1}^{n+1} x_i \wedge \bigwedge_{j=1}^{n'+1} x_j = (\underbrace{x_1 \cdot x_2 \ldots \cdot x_n}\cdot x_{n+1})_i \wedge (\underbrace{x_1 \cdot x_2 \ldots \cdot x_n}\cdot x_{n+1})_j$$

$$\bigwedge_{i=1}^{n} x_i \cdot x_{n+1} \wedge \bigwedge_{j=1}^{n'} x_j \cdot x_{n'+1} = \bigwedge_{i=1}^{n} x_i \cdot x_{n+1} \wedge \bigwedge_{j=1}^{n'} x_j \cdot x_{n'+1}$$

□

8.2 Konjunktion von Summentermen

Beweis.
$\forall (n,n') \in \mathbf{N} \setminus \{1\}, \quad (n,n') \geq n_0$ gilt $A(n,n')$:

$$\bigvee_{i=1}^{n} x_i \wedge \bigvee_{j=1}^{n'} x_j = (x_1 \vee \ldots \vee x_n)_i \wedge (x_1 \vee \ldots \vee x_{n'})_j$$

falls $A(n_0) \wedge \big(\forall (n,n') \in \mathbf{N},\ (n,n') \geq n_0 : A(n,n') \rightarrow A((n,n')+1)\big) \Rightarrow \forall (n,n') \in \mathbf{N},$ $(n,n') \geq n_0 : A(n,n')$

Basis: $A(n_0)$: $n_0, n'_0 = 2$

$$\bigvee_{i=1}^{2} x_i \wedge \bigvee_{j=1}^{2'} x_j = (x_1 \vee x_2)_i \wedge (x_1 \vee x_2)_j$$

$$(x_1 \vee x_2)_i \wedge (x_1 \vee x_2)_j = (x_1 \vee x_2)_i \wedge (x_1 \vee x_2)_j$$

Induktionsschritt: $A(n,n') \rightarrow A(n+1, n'+1)$: $n \rightarrow n+1$ und $n' \rightarrow n'+1$

$$\bigvee_{i=1}^{n+1} x_i \wedge \bigvee_{j=1}^{n'+1} x_j = (\underbrace{x_1 \vee \ldots \vee x_n} \vee x_{n+1})_i \wedge (\underbrace{x_1 \vee \ldots \vee x_{n'}} \vee x_{n'+1})_j$$

$$\Big(\bigvee_{i=1}^{n} x_i \vee x_{n+1}\Big) \wedge \Big(\bigvee_{j=1}^{n'} x_j \vee x_{n'+1}\Big) = \Big(\bigvee_{i=1}^{n} x_i \vee x_{n+1}\Big) \wedge \Big(\bigvee_{j=1}^{n'} x_j \vee x_{n'+1}\Big)$$

□

8.3 Konjunktion zweier DFen

Beweis.
$\forall(\dot{n},\dot{n}') \in \mathbf{N} \setminus \{1\}, \quad (\dot{n},\dot{n}') \geq n_0$ gilt $A(\dot{n},\dot{n}')$:

$$\bigvee_{k=1}^{\dot{n}} \bigwedge_{i=1}^{n} x_{i,k} \wedge \bigvee_{l=1}^{\dot{n}'} \bigwedge_{j=1}^{n'} x_{j,l} = \left[(x_{1,1} \cdot \ldots \cdot x_{n,1})_i \vee \ldots \vee (x_{1,\dot{n}} \cdot \ldots \cdot x_{n,\dot{n}})_i\right] \wedge \left[(x_{1,1} \cdot \ldots \cdot x_{n',1})_j \vee \ldots \vee (x_{1,\dot{n}'} \cdot \ldots \cdot x_{n',\dot{n}'})_j\right]$$

falls $A(n_0) \wedge \left(\forall(\dot{n},\dot{n}') \in \mathbf{N},\ (\dot{n},\dot{n}') \geq n_0 : A(\dot{n},\dot{n}') \rightarrow A((\dot{n},\dot{n}')+1)\right) \Rightarrow \forall(\dot{n},\dot{n}') \in \mathbf{N},\ (\dot{n},\dot{n}') \geq n_0 : A(\dot{n},\dot{n}')$

Basis: $A(n_0)$: $\dot{n}_0, \dot{n}'_0 = 2 \quad \wedge \quad n_0, n'_0 = 2$

$$\bigvee_{k=1}^{2} \bigwedge_{i=1}^{2} x_{i,k} \wedge \bigvee_{l=1}^{2} \bigwedge_{j=1}^{2} x_{j,l} = \left[(x_{1,1} \cdot x_{2,1})_i \vee (x_{1,2} \cdot x_{2,2})_i\right] \wedge \left[(x_{1,1} \cdot x_{2,1})_j \vee (x_{1,2} \cdot x_{2,2})_j\right]$$

$$\bigvee_{k=1}^{2} (x_{1,k} \cdot x_{2,k})_i \wedge \bigvee_{l=1}^{2} (x_{1,l} \cdot x_{2,l})_j = \left[(x_{1,1} \cdot x_{2,1})_i \vee (x_{1,2} \cdot x_{2,2})_i\right] \wedge \left[(x_{1,1} \cdot x_{2,1})_j \vee (x_{1,2} \cdot x_{2,2})_j\right]$$

$$\left[(x_{1,1} \cdot x_{2,1})_i \vee (x_{1,2} \cdot x_{2,2})_i\right] \wedge \left[(x_{1,1} \cdot x_{2,1})_j \vee (x_{1,2} \cdot x_{2,2})_j\right] = \left[(x_{1,1} \cdot x_{2,1})_i \vee (x_{1,2} \cdot x_{2,2})_i\right] \wedge \left[(x_{1,1} \cdot x_{2,1})_j \vee (x_{1,2} \cdot x_{2,2})_j\right]$$

Induktionsschritt: $A(\dot{n},\dot{n}') \rightarrow A(\dot{n}+1,\dot{n}'+1)$: $\dot{n} \rightarrow \dot{n}+1$ und $\dot{n}' \rightarrow \dot{n}'+1$

$$\bigvee_{k=1}^{\dot{n}+1} \bigwedge_{i=1}^{n} x_{i,k} \wedge \bigvee_{l=1}^{\dot{n}'+1} \bigwedge_{j=1}^{n'} x_{j,l} = \left[(x_{1,1} \cdot \ldots \cdot x_{n,1})_i \vee \ldots \vee (x_{1,\dot{n}} \cdot \ldots \cdot x_{n,\dot{n}})_i \vee (x_{1,(\dot{n}+1)} \cdot \ldots \cdot x_{n,(\dot{n}+1)})_i\right] \wedge$$
$$\wedge \left[(x_{1,1} \cdot \ldots \cdot x_{n',1})_j \vee \ldots \vee (x_{1,\dot{n}'} \cdot \ldots \cdot x_{n',\dot{n}'})_j \vee (x_{1,(\dot{n}'+1)} \cdot \ldots \cdot x_{n',(\dot{n}'+1)})_j\right]$$

$$\left(\bigvee_{k=1}^{\dot{n}} \bigwedge_{i=1}^{n} x_{i,k} \vee \bigwedge_{i=1}^{n} x_{i,(\dot{n}+1)}\right) \wedge \left(\bigvee_{l=1}^{\dot{n}'} \bigwedge_{j=1}^{n'} x_{j,l} \vee \bigwedge_{j=1}^{n'} x_{i,(\dot{n}'+1)}\right) = \left(\bigvee_{k=1}^{\dot{n}} \bigwedge_{i=1}^{n} x_{i,k} \vee \bigwedge_{i=1}^{n} x_{i,(\dot{n}+1)}\right) \wedge \left(\bigvee_{l=1}^{\dot{n}'} \bigwedge_{j=1}^{n'} x_{j,l} \vee \bigwedge_{j=1}^{n'} x_{i,(\dot{n}'+1)}\right)$$

□

8.4 Konjunktion zweier KFen

Beweis.
$\forall(\dot{n},\dot{n}') \in \mathbf{N} \setminus \{1\}, \quad (\dot{n},\dot{n}') \geq n_0$ gilt $A(\dot{n},\dot{n}')$:

$$\bigwedge_{k=1}^{\dot{n}} \bigvee_{i=1}^{n} x_{i,k} \wedge \bigwedge_{l=1}^{\dot{n}'} \bigvee_{j=1}^{n'} x_{j,l} = \left[(x_{1,1} \vee \ldots \vee x_{n,1})_i \wedge \ldots \wedge (x_{1,\dot{n}} \vee \ldots \vee x_{n,\dot{n}})_i\right] \wedge \left[(x_{1,1} \vee \ldots \vee x_{n',1})_j \wedge \ldots \wedge (x_{1,\dot{n}'} \vee \ldots \vee x_{n',\dot{n}'})_j\right]$$

falls $A(n_0) \wedge \left(\forall(\dot{n},\dot{n}') \in \mathbf{N},\ (\dot{n},\dot{n}') \geq n_0 : A(\dot{n},\dot{n}') \to A((\dot{n},\dot{n}')+1)\right) \Rightarrow \forall(\dot{n},\dot{n}') \in \mathbf{N},\ (\dot{n},\dot{n}') \geq n_0 : A(\dot{n},\dot{n}')$

Basis: $A(n_0)$: $\dot{n}_0, \dot{n}'_0 = 2 \quad \wedge \quad n_0, n'_0 = 2$

$$\bigwedge_{k=1}^{2} \bigvee_{i=1}^{2} x_{i,k} \wedge \bigwedge_{l=1}^{2} \bigvee_{j=1}^{2} x_{j,l} = \left[(x_{1,1} \vee x_{2,1})_i \vee (x_{1,2} \vee x_{2,2})_i\right] \wedge \left[(x_{1,1} \vee x_{2,1})_j \wedge (x_{1,2} \vee x_{2,2})_j\right]$$

$$\bigwedge_{k=1}^{2} (x_{1,k} \vee x_{2,k})_i \wedge \bigwedge_{l=1}^{2} (x_{1,l} \vee x_{2,l})_j = \left[(x_{1,1} \vee x_{2,1})_i \wedge (x_{1,2} \vee x_{2,2})_i\right] \wedge \left[(x_{1,1} \vee x_{2,1})_j \wedge (x_{1,2} \vee x_{2,2})_j\right]$$

$$\left[(x_{1,1} \vee x_{2,1})_i \wedge (x_{1,2} \vee x_{2,2})_i\right] \wedge \left[(x_{1,1} \vee x_{2,1})_j \wedge (x_{1,2} \vee x_{2,2})_j\right] = \left[(x_{1,1} \vee x_{2,1})_i \wedge (x_{1,2} \vee x_{2,2})_i\right] \wedge \left[(x_{1,1} \vee x_{2,1})_j \wedge (x_{1,2} \vee x_{2,2})_j\right]$$

Induktionsschritt: $A(\dot{n},\dot{n}') \to A(\dot{n}+1,\dot{n}'+1)$: $\dot{n} \to \dot{n}+1$ und $\dot{n}' \to \dot{n}'+1$

$$\bigwedge_{k=1}^{\dot{n}+1} \bigvee_{i=1}^{n} x_{i,k} \wedge \bigwedge_{l=1}^{\dot{n}'+1} \bigvee_{j=1}^{n'} x_{j,l} = \left[(x_{1,1} \cdot \ldots \cdot x_{n,1})_i \vee \ldots \vee (x_{1,\dot{n}} \cdot \ldots \cdot x_{n,\dot{n}})_i \vee (x_{1,(\dot{n}+1)} \cdot \ldots \cdot x_{n,(\dot{n}+1)})_i\right] \wedge$$
$$\wedge \left[(x_{1,1} \cdot \ldots \cdot x_{n',1})_j \vee \ldots \vee (x_{1,\dot{n}'} \cdot \ldots \cdot x_{n',\dot{n}'})_j \vee (x_{1,(\dot{n}'+1)} \cdot \ldots \cdot x_{n',(\dot{n}'+1)})_j\right]$$

$$\left(\bigwedge_{k=1}^{\dot{n}} \bigvee_{i=1}^{n} x_{i,k} \wedge \bigvee_{i=1}^{n} x_{i,(\dot{n}+1)}\right) \wedge \left(\bigwedge_{l=1}^{\dot{n}'} \bigvee_{j=1}^{n'} x_{j,l} \wedge \bigvee_{j=1}^{n'} x_{i,(\dot{n}'+1)}\right) = \left(\bigwedge_{k=1}^{\dot{n}} \bigvee_{i=1}^{n} x_{i,k} \wedge \bigvee_{i=1}^{n} x_{i,(\dot{n}+1)}\right) \wedge \left(\bigwedge_{l=1}^{\dot{n}'} \bigvee_{j=1}^{n'} x_{j,l} \wedge \bigvee_{j=1}^{n'} x_{i,(\dot{n}'+1)}\right)$$

□

8.5 Disjunktion von Produkttermen

Beweis.
$\forall(n,n') \in \mathbf{N} \setminus \{1\}, \quad (n,n') \geq n_0$ gilt $A(n,n')$:

$$\bigwedge_{i=1}^{n} x_i \vee \bigwedge_{j=1}^{n'} x_j = (x_1 \cdot x_2 \ldots \cdot x_n)_i \vee (x_1 \cdot x_2 \ldots \cdot x_n)_j$$

falls $A(n_0) \wedge \big(\forall(n,n') \in \mathbf{N},\ (n,n') \geq n_0 : A(n,n') \rightarrow A((n,n')+1)\big) \Rightarrow \forall(n,n') \in \mathbf{N}$, $(n,n') \geq n_0 : A(n,n')$

Basis: $\quad A(n_0)$: $n_0, n'_0 = 2$

$$\bigwedge_{i=1}^{2} x_i \vee \bigwedge_{j=1}^{2} x_j = (x_1 \cdot x_2)_i \vee (x_1 \cdot x_2)_j$$

$$(x_1 \cdot x_2)_i \vee (x_1 \cdot x_2)_j = (x_1 \cdot x_2)_i \vee (x_1 \cdot x_2)_j$$

Induktionsschritt: $\quad A(n,n') \rightarrow A(n+1, n'+1)$: $n \rightarrow n+1$ und $n' \rightarrow n'+1$

$$\bigwedge_{i=1}^{n+1} x_i \vee \bigwedge_{j=1}^{n'+1} x_j = (\underbrace{x_1 \cdot x_2 \ldots \cdot x_n} \cdot x_{n+1})_i \vee (\underbrace{x_1 \cdot x_2 \ldots \cdot x_n} \cdot x_{n+1})_j$$

$$\bigwedge_{i=1}^{n} x_i \cdot x_{n+1} \vee \bigwedge_{j=1}^{n'} x_j \cdot x_{n'+1} = \bigwedge_{i=1}^{n} x_i \cdot x_{n+1} \vee \bigwedge_{j=1}^{n'} x_j \cdot x_{n'+1}$$

□

8.6 Disjunktion von Summentermen

Beweis.
$\forall (n,n') \in \mathbf{N} \setminus \{1\}, \quad (n,n') \geq n_0$ gilt $A(n,n')$:

$$\bigvee_{i=1}^{n} x_i \vee \bigvee_{j=1}^{n'} x_j = (x_1 \vee \ldots \vee x_n)_i \vee (x_1 \vee \ldots \vee x_{n'})_j$$

falls $A(n_0) \wedge \big(\forall (n,n') \in \mathbf{N},\ (n,n') \geq n_0 : A(n,n') \rightarrow A((n,n')+1)\big) \Rightarrow \forall (n,n') \in \mathbf{N}$, $(n,n') \geq n_0 : A(n,n')$

Basis: $A(n_0)$: $n_0, n'_0 = 2$

$$\bigvee_{i=1}^{2} x_i \vee \bigvee_{j=1}^{2'} x_j = (x_1 \vee x_2)_i \vee (x_1 \vee x_2)_j$$

$$(x_1 \vee x_2)_i \vee (x_1 \vee x_2)_j = (x_1 \vee x_2)_i \vee (x_1 \vee x_2)_j$$

Induktionsschritt: $A(n,n') \rightarrow A(n+1,n'+1)$: $n \rightarrow n+1$ und $n' \rightarrow n'+1$

$$\bigvee_{i=1}^{n+1} x_i \vee \bigvee_{j=1}^{n'+1} x_j = (\underbrace{x_1 \vee \ldots \vee x_n} \vee x_{n+1})_i \vee (\underbrace{x_1 \vee \ldots \vee x_{n'}} \vee x_{n'+1})_j$$

$$\Big(\bigvee_{i=1}^{n} x_i \vee x_{n+1}\Big) \vee \Big(\bigvee_{j=1}^{n'} x_j \vee x_{n'+1}\Big) = \Big(\bigvee_{i=1}^{n} x_i \vee x_{n+1}\Big) \vee \Big(\bigvee_{j=1}^{n'} x_j \vee x_{n'+1}\Big)$$

□

8.7 Disjunktion zweier DFen

Beweis.
$\forall(\dot{n},\dot{n}') \in \mathbf{N} \setminus \{1\}, \quad (\dot{n},\dot{n}') \geq n_0$ gilt $A(\dot{n},\dot{n}')$:

$$\bigvee_{k=1}^{\dot{n}} \bigwedge_{i=1}^{n} x_{i,k} \vee \bigvee_{l=1}^{\dot{n}'} \bigwedge_{j=1}^{n'} x_{j,l} = \left[(x_{1,1} \cdot \ldots \cdot x_{n,1})_i \vee \ldots \vee (x_{1,\dot{n}} \cdot \ldots \cdot x_{n,\dot{n}})_i\right] \vee \left[(x_{1,1} \cdot \ldots \cdot x_{n',1})_j \vee \ldots \vee (x_{1,\dot{n}'} \cdot \ldots \cdot x_{n',\dot{n}'})_j\right]$$

falls $A(n_0) \wedge \left(\forall(\dot{n},\dot{n}') \in \mathbf{N},\ (\dot{n},\dot{n}') \geq n_0 : A(\dot{n},\dot{n}') \rightarrow A((\dot{n},\dot{n}')+1)\right) \Rightarrow \forall(\dot{n},\dot{n}') \in \mathbf{N},\ (\dot{n},\dot{n}') \geq n_0 : A(\dot{n},\dot{n}')$

Basis: $A(n_0)$: $\dot{n}_0, \dot{n}_0' = 2 \quad \wedge \quad n_0, n_0' = 2$

$$\bigvee_{k=1}^{2} \bigwedge_{i=1}^{2} x_{i,k} \vee \bigvee_{l=1}^{2} \bigwedge_{j=1}^{2} x_{j,l} = \left[(x_{1,1} \cdot x_{2,1})_i \vee (x_{1,2} \cdot x_{2,2})_i\right] \vee \left[(x_{1,1} \cdot x_{2,1})_j \vee (x_{1,2} \cdot x_{2,2})_j\right]$$

$$\bigvee_{k=1}^{2} (x_{1,k} \cdot x_{2,k})_i \vee \bigvee_{l=1}^{2} (x_{1,l} \cdot x_{2,l})_j = \left[(x_{1,1} \cdot x_{2,1})_i \vee (x_{1,2} \cdot x_{2,2})_i\right] \vee \left[(x_{1,1} \cdot x_{2,1})_j \vee (x_{1,2} \cdot x_{2,2})_j\right]$$

$$\left[(x_{1,1} \cdot x_{2,1})_i \vee (x_{1,2} \cdot x_{2,2})_i\right] \vee \left[(x_{1,1} \cdot x_{2,1})_j \vee (x_{1,2} \cdot x_{2,2})_j\right] = \left[(x_{1,1} \cdot x_{2,1})_i \vee (x_{1,2} \cdot x_{2,2})_i\right] \vee \left[(x_{1,1} \cdot x_{2,1})_j \vee (x_{1,2} \cdot x_{2,2})_j\right]$$

Induktionsschritt: $A(\dot{n},\dot{n}') \rightarrow A(\dot{n}+1,\dot{n}'+1)$: $\dot{n} \rightarrow \dot{n}+1$ und $\dot{n}' \rightarrow \dot{n}'+1$

$$\bigvee_{k=1}^{\dot{n}+1} \bigwedge_{i=1}^{n} x_{i,k} \vee \bigvee_{l=1}^{\dot{n}'+1} \bigwedge_{j=1}^{n'} x_{j,l} = \left[(x_{1,1} \cdot \ldots \cdot x_{n,1})_i \vee \ldots \vee (x_{1,\dot{n}} \cdot \ldots \cdot x_{n,\dot{n}})_i \vee (x_{1,(\dot{n}+1)} \cdot \ldots \cdot x_{n,(\dot{n}+1)})_i\right] \vee$$
$$\vee \left[(x_{1,1} \cdot \ldots \cdot x_{n',1})_j \vee \ldots \vee (x_{1,\dot{n}'} \cdot \ldots \cdot x_{n',\dot{n}'})_j \vee (x_{1,(\dot{n}'+1)} \cdot \ldots \cdot x_{n',(\dot{n}'+1)})_j\right]$$

$$\left(\bigvee_{k=1}^{\dot{n}} \bigwedge_{i=1}^{n} x_{i,k} \vee \bigwedge_{i=1}^{n} x_{i,(\dot{n}+1)}\right) \vee \left(\bigvee_{l=1}^{\dot{n}'} \bigwedge_{j=1}^{n'} x_{j,l} \vee \bigwedge_{j=1}^{n'} x_{i,(\dot{n}'+1)}\right) = \left(\bigvee_{k=1}^{\dot{n}} \bigwedge_{i=1}^{n} x_{i,k} \vee \bigwedge_{i=1}^{n} x_{i,(\dot{n}+1)}\right) \vee \left(\bigvee_{l=1}^{\dot{n}'} \bigwedge_{j=1}^{n'} x_{j,l} \vee \bigwedge_{j=1}^{n'} x_{i,(\dot{n}'+1)}\right)$$

□

8.8 Disjunktion zweier KFen

Beweis.
$\forall(\dot{n},\dot{n}') \in \mathbf{N}\setminus\{1\}, \quad (\dot{n},\dot{n}') \geq n_0$ gilt $A(\dot{n},\dot{n}')$:

$$\bigwedge_{k=1}^{\dot{n}}\bigvee_{i=1}^{n} x_{i,k} \vee \bigwedge_{l=1}^{\dot{n}'}\bigvee_{j=1}^{n'} x_{j,l} = \left[(x_{1,1}\vee\ldots\vee x_{n,1})_i \wedge\ldots\wedge (x_{1,\dot{n}}\vee\ldots\vee x_{n,\dot{n}})_i\right] \vee \left[(x_{1,1}\vee\ldots\vee x_{n',1})_j \wedge\ldots\wedge (x_{1,\dot{n}'}\vee\ldots\vee x_{n',\dot{n}'})_j\right]$$

falls $A(n_0) \wedge \big(\forall(\dot{n},\dot{n}') \in \mathbf{N},\ (\dot{n},\dot{n}') \geq n_0 : A(\dot{n},\dot{n}') \rightarrow A((\dot{n},\dot{n}')+1)\big) \Rightarrow \forall(\dot{n},\dot{n}') \in \mathbf{N},\ (\dot{n},\dot{n}') \geq n_0 : A(\dot{n},\dot{n}')$

Basis: $A(n_0)$: $\dot{n}_0, \dot{n}'_0 = 2 \quad \wedge \quad n_0, n'_0 = 2$

$$\bigwedge_{k=1}^{2}\bigvee_{i=1}^{2} x_{i,k} \vee \bigwedge_{l=1}^{2}\bigvee_{j=1}^{2} x_{j,l} = \left[(x_{1,1}\vee x_{2,1})_i \vee (x_{1,2}\vee x_{2,2})_i\right] \vee \left[(x_{1,1}\vee x_{2,1})_j \wedge (x_{1,2}\vee x_{2,2})_j\right]$$

$$\bigwedge_{k=1}^{2}(x_{1,k}\vee x_{2,k})_i \vee \bigwedge_{l=1}^{2}(x_{1,l}\vee x_{2,l})_j = \left[(x_{1,1}\vee x_{2,1})_i \wedge (x_{1,2}\vee x_{2,2})_i\right] \vee \left[(x_{1,1}\vee x_{2,1})_j \wedge (x_{1,2}\vee x_{2,2})_j\right]$$

$$\left[(x_{1,1}\vee x_{2,1})_i \wedge (x_{1,2}\vee x_{2,2})_i\right] \vee \left[(x_{1,1}\vee x_{2,1})_j \wedge (x_{1,2}\vee x_{2,2})_j\right] = \left[(x_{1,1}\vee x_{2,1})_i \wedge (x_{1,2}\vee x_{2,2})_i\right] \vee \left[(x_{1,1}\vee x_{2,1})_j \wedge (x_{1,2}\vee x_{2,2})_j\right]$$

Induktionsschritt: $A(\dot{n},\dot{n}') \rightarrow A(\dot{n}+1,\dot{n}'+1)$: $\dot{n} \rightarrow \dot{n}+1$ und $\dot{n}' \rightarrow \dot{n}'+1$

$$\bigwedge_{k=1}^{\dot{n}+1}\bigvee_{i=1}^{n} x_{i,k} \vee \bigwedge_{l=1}^{\dot{n}'+1}\bigvee_{j=1}^{n'} x_{j,l} = \left[(x_{1,1}\cdot\ldots\cdot x_{n,1})_i \vee\ldots\vee (x_{1,\dot{n}}\cdot\ldots\cdot x_{n,\dot{n}})_i \vee (x_{1,(\dot{n}+1)}\cdot\ldots\cdot x_{n,(\dot{n}+1)})_i\right] \vee$$

$$\vee \left[(x_{1,1}\cdot\ldots\cdot x_{n',1})_j \vee\ldots\vee (x_{1,\dot{n}'}\cdot\ldots\cdot x_{n',\dot{n}'})_j \vee (x_{1,(\dot{n}'+1)}\cdot\ldots\cdot x_{n',(\dot{n}'+1)})_j\right]$$

$$\left(\bigwedge_{k=1}^{\dot{n}}\bigvee_{i=1}^{n} x_{i,k} \wedge \bigvee_{i=1}^{n} x_{i,(\dot{n}+1)}\right) \vee \left(\bigwedge_{l=1}^{\dot{n}'}\bigvee_{j=1}^{n'} x_{j,l} \wedge \bigvee_{j=1}^{n'} x_{i,(\dot{n}'+1)}\right) = \left(\bigwedge_{k=1}^{\dot{n}}\bigvee_{i=1}^{n} x_{i,k} \wedge \bigvee_{i=1}^{n} x_{i,(\dot{n}+1)}\right) \vee \left(\bigwedge_{l=1}^{\dot{n}'}\bigvee_{j=1}^{n'} x_{j,l} \wedge \bigvee_{j=1}^{n'} x_{i,(\dot{n}'+1)}\right)$$

□

8.9 Differenzbildung zweier Produktterme

Beweis.
$\forall(n,n') \in \mathbf{N}\setminus\{1\}, \quad (n,n') \geq n_0$ gilt $A(n,n')$:

$$\bigwedge_{m=1}^{n} x_m - \bigwedge_{s=1}^{n'} x_s := \bigwedge_{m=1}^{n} x_m \wedge \bigvee_{s=1}^{n'} \bar{x}_s = (x_1 \cdot \ldots \cdot x_n)_m \wedge (\bar{x}_1 \vee \ldots \vee \bar{x}_n)_s$$

falls $A(n_0) \wedge \big(\forall(n,n') \in \mathbf{N},\ (n,n') \geq n_0 : A(n,n') \rightarrow A((n,n')+1)\big) \Rightarrow \forall(n,n') \in \mathbf{N}$, $(n,n') \geq n_0 : A(n,n')$

Basis: $A(n_0)$: $n_0, n_0' = 2$

$$\bigwedge_{m=1}^{2} x_m \wedge \bigvee_{s=1}^{2} \bar{x}_s = (x_1 \cdot x_2)_m \wedge (\bar{x}_1 \vee \bar{x}_2)_s$$

$$(x_1 \cdot x_2)_m \wedge (\bar{x}_1 \vee \bar{x}_2)_s = (x_1 \cdot x_2)_m \wedge (\bar{x}_1 \vee \bar{x}_2)_s$$

Induktionsschritt: $A(n,n') \rightarrow A(n+1, n'+1)$: $n \rightarrow n+1$ und $n' \rightarrow n'+1$

$$\bigwedge_{m=1}^{n+1} x_m \wedge \bigvee_{s=1}^{n'+1} \bar{x}_s = (\underbrace{x_1 \cdot \ldots \cdot x_n} \cdot x_{n+1})_m \wedge (\underbrace{\bar{x}_1 \vee \ldots \vee \bar{x}_n} \vee \bar{x}_{n+1})_s$$

$$\bigwedge_{m=1}^{n} x_m \cdot x_{n+1} \wedge \bigvee_{s=1}^{n'} \bar{x}_s \vee \bar{x}_{n'+1} = \bigwedge_{m=1}^{n} x_m \cdot x_{n+1} \wedge \bigvee_{s=1}^{n'} \bar{x}_s \vee \bar{x}_{n'+1}$$

□

8.10 Differenzbildung zweier Summenterme

Beweis.
$\forall (n,n') \in \mathbf{N} \setminus \{1\}, \quad (n,n') \geq n_0$ gilt $A(n,n')$:

$$\bigvee_{m=1}^{n} x_m - \bigvee_{s=1}^{n'} x_s := \bigvee_{m=1}^{n} x_m \wedge \bigwedge_{s=1}^{n'} \bar{x}_s = (x_1 \vee \ldots \vee x_n)_m \wedge (\bar{x}_1 \cdot \ldots \cdot \bar{x}_n)_s$$

falls $A(n_0) \wedge \big(\forall (n,n') \in \mathbf{N},\ (n,n') \geq n_0 :$
$A(n,n') \rightarrow A((n,n')+1)\big) \Rightarrow \forall (n,n') \in \mathbf{N},\ (n,n') \geq n_0 : A(n,n')$

Basis: $A(n_0)$: $n_0, n_0' = 2$

$$\bigvee_{m=1}^{2} x_m \wedge \bigwedge_{s=1}^{2} \bar{x}_s = (x_1 \vee x_2)_m \wedge (\bar{x}_1 \cdot \bar{x}_2)_s$$

$$(x_1 \vee x_2)_m \wedge (\bar{x}_1 \cdot \bar{x}_2)_s = (x_1 \vee x_2)_m \wedge (\bar{x}_1 \cdot \bar{x}_2)_s$$

Induktionsschritt: $A(n,n') \rightarrow A(n+1,n'+1)$: $n \rightarrow n+1$ und $n' \rightarrow n'+1$

$$\bigvee_{m=1}^{n+1} x_m \wedge \bigwedge_{s=1}^{n'+1} \bar{x}_s = (\underbrace{x_1 \vee \ldots \cdot x_n}\vee x_{n+1})_m \wedge (\underbrace{\bar{x}_1 \cdot \ldots \cdot \bar{x}_n}\cdot \bar{x}_{n+1})_s$$

$$\bigvee_{m=1}^{n} x_m \vee x_{n+1} \wedge \bigwedge_{s=1}^{n'} \bar{x}_s \cdot \bar{x}_{n'+1} = \bigvee_{m=1}^{n} x_m \vee x_{n+1} \wedge \bigwedge_{s=1}^{n'} \bar{x}_s \cdot \bar{x}_{n'+1}$$

□

8.11 Differenzbildung zweier DFen

Beweis.
$\forall(\dot{n},\dot{n}')\in\mathbf{N}\setminus\{1\},\quad(\dot{n},\dot{n}')\geq n_0$ gilt $A(\dot{n},\dot{n}')$:

$$\bigvee_{m=1}^{\dot{n}}\bigwedge_{i=1}^{n}x_{i,m}\wedge\bigwedge_{s=1}^{\dot{n}'}\bigvee_{j=1}^{n'}\bar{x}_{j,s}=\big((x_{1,1}x_{1,2}\cdot\ldots\cdot x_{1,n})\vee\ldots\vee(x_{\dot{n},1}x_{\dot{n},2}\cdot\ldots\cdot x_{\dot{n},n})\big)_m\wedge\big((\bar{x}_{1,1}\vee\bar{x}_{1,2}\vee\ldots\vee\bar{x}_{1,n'})\wedge\ldots\wedge(\bar{x}_{\dot{n}',1}\vee\bar{x}_{\dot{n}',2}\vee\ldots\vee\bar{x}_{\dot{n}',n'})\big)_s$$

falls $A(n_0)\wedge\big(\forall(n,n')\in\mathbf{N},\ (n,n')\geq n_0:A(n,n')\rightarrow A((n,n')+1)\big)\Rightarrow\forall(n,n')\in\mathbf{N},\ (n,n')\geq n_0:A(n,n')$

Basis: $A(n_0)$: $\dot{n}_0,\dot{n}'_0=2\quad\wedge\quad n_0,n'_0=2$

$$\bigvee_{m=1}^{2}\bigwedge_{i=1}^{2}x_{i,m}\wedge\bigwedge_{s=1}^{2}\bigvee_{j=1}^{2}\bar{x}_{j,s}=\big((x_{1,1}x_{1,2})\vee(x_{2,1}x_{2,2})\big)_m\wedge\big((\bar{x}_{1,1}\vee\bar{x}_{1,2})\wedge(\bar{x}_{2,1}\vee\bar{x}_{2,2})\big)_s$$

$$\big((x_{1,1}x_{1,2})\vee(x_{2,1}x_{2,2})\big)_m\wedge\big((\bar{x}_{1,1}\vee\bar{x}_{1,2})\wedge(\bar{x}_{2,1}\vee\bar{x}_{2,2})\big)_s=\big((x_{1,1}x_{1,2})\vee(x_{2,1}x_{2,2})\big)_m\wedge\big((\bar{x}_{1,1}\vee\bar{x}_{1,2})\wedge(\bar{x}_{2,1}\vee\bar{x}_{2,2})\big)_s$$

Induktionsschritt: $A(\dot{n},\dot{n}')\rightarrow A(\dot{n}+1,\dot{n}'+1)$: $\dot{n}\rightarrow\dot{n}+1$ und $\dot{n}'\rightarrow\dot{n}'+1$

$$\bigvee_{m=1}^{\dot{n}+1}\bigwedge_{i=1}^{n}x_{i,m}\wedge\bigwedge_{s=1}^{\dot{n}'+1}\bigvee_{j=1}^{n'}\bar{x}_{j,s}=\big((x_{1,1}x_{1,2}\cdot\ldots\cdot x_{1,n})\vee\ldots\vee(x_{\dot{n},1}x_{\dot{n},2}\cdot\ldots\cdot x_{\dot{n},n})\vee(x_{(\dot{n}+1),1}x_{(\dot{n}+1),2}\cdot\ldots\cdot x_{(\dot{n}+1),n})\big)_m$$
$$\wedge\big((\bar{x}_{1,1}\vee\bar{x}_{1,2}\vee\ldots\vee\bar{x}_{1,n'})\wedge\ldots\wedge(\bar{x}_{\dot{n}',1}\vee\bar{x}_{\dot{n}',2}\vee\ldots\vee\bar{x}_{\dot{n}',n'})\wedge(\bar{x}_{(\dot{n}'+1),1}\vee\bar{x}_{(\dot{n}'+1),2}\vee\ldots\vee\bar{x}_{(\dot{n}'+1),n'})\big)_s$$

$$\Big(\bigvee_{m=1}^{\dot{n}}\bigwedge_{i=1}^{n}x_{i,m}\vee\bigwedge_{i=1}^{n}x_{i,(\dot{n}+1)}\Big)\wedge\Big(\bigwedge_{s=1}^{\dot{n}'}\bigvee_{j=1}^{n'}\bar{x}_{j,s}\vee\bigvee_{j=1}^{n'}\bar{x}_{j,(\dot{n}'+1)}\Big)=\big(\underbrace{(x_{1,1}x_{1,2}\cdot\ldots\cdot x_{1,n})\vee\ldots\vee(x_{\dot{n},1}x_{\dot{n},2}\cdot\ldots\cdot x_{\dot{n},n})}\vee(x_{(\dot{n}+1),1}x_{(\dot{n}+1),2}\cdot\ldots\cdot x_{(\dot{n}+1),n})\big)_m\wedge$$
$$\wedge\big(\underbrace{(\bar{x}_{1,1}\vee\bar{x}_{1,2}\vee\ldots\vee\bar{x}_{1,n'})\wedge\ldots\wedge(\bar{x}_{\dot{n}',1}\vee\bar{x}_{\dot{n}',2}\vee\ldots\vee\bar{x}_{\dot{n}',n'})}\wedge(\bar{x}_{(\dot{n}'+1),1}\vee\bar{x}_{(\dot{n}'+1),2}\vee\ldots\vee\bar{x}_{(\dot{n}'+1),n'})\big)_s$$

$$\Big(\bigvee_{m=1}^{\dot{n}}\bigwedge_{i=1}^{n}x_{i,m}\vee\bigwedge_{i=1}^{n}x_{i,(\dot{n}+1)}\Big)\wedge\Big(\bigwedge_{s=1}^{\dot{n}'}\bigvee_{j=1}^{n'}\bar{x}_{j,s}\vee\bigvee_{j=1}^{n'}\bar{x}_{j,(\dot{n}'+1)}\Big)=\Big(\bigvee_{m=1}^{\dot{n}}\bigwedge_{i=1}^{n}x_{i,m}\vee\bigwedge_{i=1}^{n}x_{i,(\dot{n}+1)}\Big)\wedge\Big(\bigwedge_{s=1}^{\dot{n}'}\bigvee_{j=1}^{n'}\bar{x}_{j,s}\vee\bigvee_{j=1}^{n'}\bar{x}_{j,(\dot{n}'+1)}\Big)$$

□

8.12 Differenzbildung zweier KFen

Beweis.
$\forall(\dot{n},\dot{n}') \in \mathbf{N}\setminus\{1\}, \quad (\dot{n},\dot{n}') \geq n_0$ gilt $A(\dot{n},\dot{n}')$:

$$\bigwedge_{m=1}^{\dot{n}} \bigvee_{i=1}^{n} x_{i,m} \wedge \bigvee_{s=1}^{\dot{n}'} \bigwedge_{j=1}^{n'} \bar{x}_{j,s} = \big((x_{1,1} \vee x_{1,2} \vee \ldots \vee x_{1,n}) \wedge \ldots \wedge (x_{\dot{n},1} \vee x_{\dot{n},2} \vee \ldots \vee x_{\dot{n},n})\big)_m \wedge \big((\bar{x}_{1,1} \cdot \bar{x}_{1,2} \cdot \ldots \cdot \bar{x}_{1,n'}) \vee \ldots \vee (\bar{x}_{\dot{n}',1} \cdot \bar{x}_{\dot{n}',2} \cdot \ldots \cdot \bar{x}_{\dot{n}',n'})\big)_s$$

falls $A(n_0) \wedge \big(\forall(n,n') \in \mathbf{N},\ (n,n') \geq n_0 : A(n,n') \rightarrow A((n,n')+1)\big) \Rightarrow \forall(n,n') \in \mathbf{N},\ (n,n') \geq n_0 : A(n,n')$

Basis: $A(n_0)$: $\dot{n}_0, \dot{n}'_0 = 2 \quad \wedge \quad n_0, n'_0 = 2$

$$\bigwedge_{m=1}^{2} \bigvee_{i=1}^{2} x_{i,m} \wedge \bigvee_{s=1}^{2} \bigwedge_{j=1}^{2} \bar{x}_{j,s} = \big((x_{1,1} \vee x_{1,2}) \wedge (x_{2,1} \vee x_{2,2})\big)_m \wedge \big((\bar{x}_{1,1} \cdot \bar{x}_{1,2}) \vee (\bar{x}_{2,1} \cdot \bar{x}_{2,2})\big)_s$$

$$\big((x_{1,1} \vee x_{1,2}) \wedge (x_{2,1} \vee x_{2,2})\big)_m \wedge \big((\bar{x}_{1,1} \cdot \bar{x}_{1,2}) \vee (\bar{x}_{2,1} \cdot \bar{x}_{2,2})\big)_s = \big((x_{1,1} \vee x_{1,2}) \wedge (x_{2,1} \vee x_{2,2})\big)_m \wedge \big((\bar{x}_{1,1} \cdot \bar{x}_{1,2}) \vee (\bar{x}_{2,1} \cdot \bar{x}_{2,2})\big)_s$$

Induktionsschritt: $A(\dot{n},\dot{n}') \rightarrow A(\dot{n}+1,\dot{n}'+1)$: $\dot{n} \rightarrow \dot{n}+1$ und $\dot{n}' \rightarrow \dot{n}'+1$

$$\bigwedge_{m=1}^{\dot{n}+1} \bigvee_{i=1}^{n} x_{i,m} \wedge \bigvee_{s=1}^{\dot{n}'+1} \bigwedge_{j=1}^{n'} \bar{x}_{j,s} = \big((x_{1,1} \vee x_{1,2} \vee \ldots \vee x_{1,n}) \wedge \ldots \wedge (x_{\dot{n},1} \vee x_{\dot{n},2} \vee \ldots \vee x_{\dot{n},n}) \wedge (x_{(\dot{n}+1),1} \vee x_{(\dot{n}+1),2} \vee \ldots \vee x_{(\dot{n}+1),n})\big)_m \wedge$$
$$\wedge \big((\bar{x}_{1,} \cdot \bar{x}_{1,2} \cdot \ldots \cdot \bar{x}_{1,n'}) \vee \ldots \vee (\bar{x}_{\dot{n}',1} \cdot \bar{x}_{\dot{n}',2} \cdot \ldots \cdot \bar{x}_{\dot{n}',n'}) \vee (\bar{x}_{(\dot{n}'+1),1} \cdot \bar{x}_{(\dot{n}'+1),2} \cdot \ldots \cdot \bar{x}_{(\dot{n}'+1),n'})\big)_s$$

$$\Big(\bigwedge_{m=1}^{\dot{n}+1} \bigvee_{i=1}^{n} x_{i,m} \wedge \bigvee_{i=1}^{n} x_{i,(\dot{n}+1)}\Big) \wedge \Big(\bigvee_{s=1}^{\dot{n}'+1} \bigwedge_{j=1}^{n'} \bar{x}_{j,s} \vee \bigwedge_{j=1}^{n'} \bar{x}_{j,(\dot{n}'+1)}\Big) = \big(\underbrace{(x_{1,1} \vee x_{1,2} \vee \ldots \vee x_{1,n}) \wedge \ldots \wedge (x_{\dot{n},1} \vee x_{\dot{n},2} \vee \ldots \vee x_{\dot{n},n})} \wedge (x_{(\dot{n}+1),1} \vee x_{(\dot{n}+1),2} \vee \ldots \vee x_{(\dot{n}+1),n})\big)_m \wedge$$
$$\wedge \big(\underbrace{(\bar{x}_{1,} \cdot \bar{x}_{1,2} \cdot \ldots \cdot \bar{x}_{1,n'}) \vee \ldots \vee (\bar{x}_{\dot{n}',1} \cdot \bar{x}_{\dot{n}',2} \cdot \ldots \cdot \bar{x}_{\dot{n}',n'})} \vee (\bar{x}_{(\dot{n}'+1),1} \cdot \bar{x}_{(\dot{n}'+1),2} \cdot \ldots \cdot \bar{x}_{(\dot{n}'+1),n'})\big)_s$$

$$\Big(\bigwedge_{m=1}^{\dot{n}+1} \bigvee_{i=1}^{n} x_{i,m} \wedge \bigvee_{i=1}^{n} x_{i,(\dot{n}+1)}\Big) \wedge \Big(\bigvee_{s=1}^{\dot{n}'+1} \bigwedge_{j=1}^{n'} \bar{x}_{j,s} \vee \bigwedge_{j=1}^{n'} \bar{x}_{j,(\dot{n}'+1)}\Big) = \Big(\bigwedge_{m=1}^{\dot{n}+1} \bigvee_{i=1}^{n} x_{i,m} \wedge \bigvee_{i=1}^{n} x_{i,(\dot{n}+1)}\Big) \wedge \Big(\bigvee_{s=1}^{\dot{n}'+1} \bigwedge_{j=1}^{n'} \bar{x}_{j,s} \vee \bigwedge_{j=1}^{n'} \bar{x}_{j,(\dot{n}'+1)}\Big)$$

□

8.13 Orthogonalisierende Differenzbildung ⊖

Beweis.
$\forall (n,n') \in \mathbf{N} \setminus \{1\}, \quad (n,n') \geq n_0$ gilt $A(n,n')$:

$$\bigwedge_{m=1}^{n} x_m \wedge \bigvee_{s=1}^{n'_j} \bar{x}_{s_j} = \left(x_1 \cdot \ldots \cdot x_{n-1} x_n\right)_m \wedge \left(\bar{x}_{1_j} \vee x_{1_j}\bar{x}_{2_j} \vee \ldots \vee x_{1_j} \cdot \ldots \cdot x_{(n'-1)_j}\bar{x}_{n'_j}\right)_s$$

falls $A(n_0) \wedge \left(\forall (n,n') \in \mathbf{N},\ (n,n') \geq n_0 : A(n,n') \rightarrow A((n,n')+1)\right) \Rightarrow \forall (n,n') \in \mathbf{N},\ (n,n') \geq n_0 : A(n,n')$

Basis: $A(n_0)$: $n_0, n'_0 = 2$

$$\bigwedge_{m=1}^{2} x_m \wedge \bigvee_{s=1}^{2_j} \bar{x}_{s_j} = (x_1 \cdot x_2)_m \wedge (\bar{x}_{1_j} \vee x_{1_j}\bar{x}_{2_j})_s$$

$$(x_1 \cdot x_2)_m \wedge (\bar{x}_{1_j} \vee x_{1_j}\bar{x}_{2_j})_s = (x_1 \cdot x_2)_m \wedge (\bar{x}_{1_j} \vee x_{1_j}\bar{x}_{2_j})_s$$

Induktionsschritt: $A(n,n') \rightarrow A(n+1,n'+1)$: $n \rightarrow n+1$ und $n' \rightarrow n'+1$

$$\bigwedge_{m=1}^{n+1} x_m \wedge \bigvee_{s=1}^{(n'+1)_j} \bar{x}_{s_j} = \left(x_1 \cdot \ldots \cdot x_{n-1} x_n x_{n+1}\right)_m \wedge \left(\bar{x}_{1_j} \vee x_{1_j}\bar{x}_{2_j} \vee \ldots \vee x_{1_j} \cdot \ldots \cdot x_{(n'-1)_j}\bar{x}_{n'_j} \vee x_{1_j} \cdot \ldots \cdot \bar{x}_{n'_j}\bar{x}_{(n+1)'_j}\right)_s$$

$$\left(\bigwedge_{m=1}^{n} x_m \wedge x_{n+1}\right) \wedge \left(\bigvee_{s=1}^{n'_j} \bar{x}_{s_j} \vee (x_{1_j} \cdot \ldots \cdot \bar{x}_{n'_j}\bar{x}_{(n+1)'_j})\right) = \left(\underbrace{x_1 \cdot \ldots \cdot x_{n-1} x_n}\, x_{n+1}\right)_m \wedge \left(\underbrace{\bar{x}_{1_j} \vee x_{1_j}\bar{x}_{2_j} \vee \ldots \vee x_{1_j} \cdot \ldots \cdot x_{(n'-1)_j}\bar{x}_{n'_j}} \vee x_{1_j} \cdot \ldots \cdot \bar{x}_{n'_j}\bar{x}_{(n+1)'_j}\right)_s$$

$$\left(\bigwedge_{m=1}^{n} x_m \wedge x_{n+1}\right) \wedge \left(\bigvee_{s=1}^{n'_j} \bar{x}_{s_j} \vee (x_{1_j} \cdot \ldots \cdot \bar{x}_{n'_j}\bar{x}_{(n+1)'_j})\right) = \left(\bigwedge_{m=1}^{n} x_m \wedge x_{n+1}\right) \wedge \left(\bigvee_{s=1}^{n'_j} \bar{x}_{s_j} \vee (x_{1_j} \cdot \ldots \cdot \bar{x}_{n'_j}\bar{x}_{(n+1)'_j})\right)$$

□

8.14 Orthogonalisierung ORTH[⊖]

Beweis.
$\forall N \in \mathbf{N} \setminus \{1\}, \quad N \geq N_0$ gilt $A(N)$:

$$f(\underline{x})^{orth} := \bigvee_{k=0}^{N-1} \left(\ominus_{i=k+1}^{N} p_i(\underline{x}) \right) = \begin{bmatrix} p_1(\underline{x}) \ominus p_2(\underline{x}) \ominus \ldots \ominus p_{N-1}(\underline{x}) \ominus p_N(\underline{x}) \\ p_2(\underline{x}) \ominus \ldots \ominus p_{N-1}(\underline{x}) \ominus p_N(\underline{x}) \\ \vdots \\ p_{N-1}(\underline{x}) \ominus p_N(\underline{x}) \\ p_N(\underline{x}) \end{bmatrix}$$

falls $A(N_0) \wedge \left(\forall N \in \mathbf{N},\ N \geq N_0 : A(N) \to A(N+1)\right) \Rightarrow \forall N \in \mathbf{N},\ N \geq N_0 : A(N)$

Basis: $A(N_0)$: $N_0 = 2$

$$\bigvee_{k=0}^{2-1} \left(\ominus_{i=k+1}^{2} p_i(\underline{x}) \right) = \begin{bmatrix} p_{2-1}(\underline{x}) \ominus p_2(\underline{x}) \\ p_2(\underline{x}) \end{bmatrix}$$

$$\left(p_1(\underline{x}) \ominus p_2(\underline{x})\right) \vee p_2(\underline{x}) = \left(p_1(\underline{x}) \ominus p_2(\underline{x})\right) \vee p_2(\underline{x})$$

Induktionsschritt: $A(N) \to A(N+1)$: $N \to N+1$

$$\bigvee_{k=0}^{(N+1)-1} \left(\ominus_{i=k+1}^{(N+1)} p_i(\underline{x}) \right) = \begin{bmatrix} p_1(\underline{x}) \ominus p_2(\underline{x}) \ominus \ldots \ominus p_{(N+1)-1}(\underline{x}) \ominus p_{(N+1)}(\underline{x}) \\ p_2(\underline{x}) \ominus \ldots \ominus p_{(N+1)-1}(\underline{x}) \ominus p_{(N+1)}(\underline{x}) \\ \vdots \\ p_{(N+1)-1}(\underline{x}) \ominus p_{(N+1)}(\underline{x}) \\ p_{(N+1)}(\underline{x}) \end{bmatrix}$$

$$\bigvee_{k=0}^{N} \left[\left(\ominus_{i=k+1}^{N} p_i(\underline{x}) \right) \ominus p_{N+1}(\underline{x}) \right] = \begin{bmatrix} p_1(\underline{x}) \ominus p_2(\underline{x}) \ominus \ldots \ominus p_N(\underline{x}) \ominus p_{(N+1)}(\underline{x}) \\ p_2(\underline{x}) \ominus \ldots \ominus p_N(\underline{x}) \ominus p_{(N+1)}(\underline{x}) \\ \vdots \\ p_N(\underline{x}) \ominus p_{(N+1)}(\underline{x}) \\ p_{(N+1)}(\underline{x}) \end{bmatrix}$$

Analyse für: $N = 1$

$$\bigvee_{k=0}^{1} \left[\left(\ominus_{i=k+1}^{1} p_i(\underline{x}) \right) \ominus p_2(\underline{x}) \right] = \begin{bmatrix} p_1(\underline{x}) \ominus p_2(\underline{x}) \\ p_2(\underline{x}) \end{bmatrix}$$

$$\left(p_1(\underline{x}) \ominus p_2(\underline{x})\right) \vee p_2(\underline{x}) = \left(p_1(\underline{x}) \ominus p_2(\underline{x})\right) \vee p_2(\underline{x})$$

□

8.15 Irredundanzfunktion IR[⊖]

Beweis.
$\forall N \in \mathbf{N} \setminus \{1\}, \quad N \geq N_0$ gilt $A(N)$:

$$\bigvee_{j=0}^{N-1} \left(\bigominus_{i=1+j}^{N} p_i(\underline{x}) \ominus \bigominus_{k=1}^{j} p_k(\underline{x}) \right) = \left[\begin{array}{cccccccc} p_1(\underline{x}) & \ominus & p_2(\underline{x}) & \ominus \ldots \ominus & p_N(\underline{x}) & & & \\ & & p_2(\underline{x}) & \ominus \ldots \ominus & p_N(\underline{x}) & \ominus & p_1(\underline{x}) & \\ & & & & \vdots & & & \\ & & & & p_n(\underline{x}) & \ominus & p_1(\underline{x}) & \ominus \ldots \ominus \quad p_{n-1}(\underline{x}) \end{array} \right]$$

falls $A(N_0) \wedge \left(\forall N \in \mathbf{N},\ N \geq N_0 : A(N) \rightarrow A(N+1)\right) \Rightarrow \forall N \in \mathbf{N},\ N \geq N_0 : A(N)$
Basis: $A(N_0)$: $N_0 = 3$

$$\bigvee_{j=0}^{2} \left[\bigominus_{i=1+j}^{3} p_i(\underline{x}) \ominus \bigominus_{k=1}^{j} p_k(\underline{x}) \right] = \left[\begin{array}{ccccccccc} p_1(\underline{x}) & \ominus & p_2(\underline{x}) & \ominus & p_3(\underline{x}) & & & & \\ & & p_2(\underline{x}) & \ominus & p_3(\underline{x}) & \ominus & p_1(\underline{x}) & & \\ & & & & p_3(\underline{x}) & \ominus & p_1(\underline{x}) & \ominus & p_2(\underline{x}) \end{array} \right]$$

$$\left[\bigominus_{i=1}^{3} p_i(\underline{x}) \ominus \bigominus_{k=1}^{0} p_k(\underline{x}) \right] \vee \left[\bigominus_{i=2}^{3} p_i(\underline{x}) \ominus \bigominus_{k=1}^{1} p_k(\underline{x}) \right] \vee \left[\bigominus_{i=3}^{3} p_i(\underline{x}) \ominus \bigominus_{k=1}^{2} p_k(\underline{x}) \right] = \left[\begin{array}{ccccccccc} p_1(\underline{x}) & \ominus & p_2(\underline{x}) & \ominus & p_3(\underline{x}) & & & & \\ & & p_2(\underline{x}) & \ominus & p_3(\underline{x}) & \ominus & p_1(\underline{x}) & & \\ & & & & p_3(\underline{x}) & \ominus & p_1(\underline{x}) & \ominus & p_2(\underline{x}) \end{array} \right]$$

$$\left(p_1(\underline{x}) \ominus p_2(\underline{x}) \ominus p_3(\underline{x})\right) \vee \left(p_2(\underline{x}) \ominus p_3(\underline{x}) \ominus p_1(\underline{x})\right) \vee \left(p_3(\underline{x}) \ominus p_1(\underline{x}) \ominus p_2(\underline{x})\right) = \left[\begin{array}{ccccccccc} p_1(\underline{x}) & \ominus & p_2(\underline{x}) & \ominus & p_3(\underline{x}) & & & & \\ & & p_2(\underline{x}) & \ominus & p_3(\underline{x}) & \ominus & p_1(\underline{x}) & & \\ & & & & p_3(\underline{x}) & \ominus & p_1(\underline{x}) & \ominus & p_2(\underline{x}) \end{array} \right]$$

Induktionsschritt: $A(N) \rightarrow A(N+1)$: $N \rightarrow N+1$

$$\bigvee_{j=0}^{(N+1)-1} \left[\bigominus_{i=1+j}^{N+1} p_i(\underline{x}) \ominus \bigominus_{k=1}^{j} p_k(\underline{x}) \right] = \left[\begin{array}{ccccccccccccc} p_1(\underline{x}) & \ominus & p_2(\underline{x}) & \ominus \ldots \ominus & p_{(N+1)-1}(\underline{x}) & \ominus & p_{(N+1)}(\underline{x}) & & & & & & \\ & & p_2(\underline{x}) & \ominus \ldots \ominus & p_{(N+1)-1}(\underline{x}) & \ominus & p_{(N+1)}(\underline{x}) & \ominus & p_1(\underline{x}) & & & & \\ & & & & & \vdots & & \vdots & & & & & \\ & & & & p_{(N+1)-1}(\underline{x}) & \ominus & p_{(N+1)}(\underline{x}) & \ominus & p_1(\underline{x}) & \ominus \ldots \ominus & p_{(N+1)-2}(\underline{x}) & & \\ & & & & & \ominus & p_{(N+1)}(\underline{x}) & \ominus & p_1(\underline{x}) & \ominus \ldots \ominus & p_{(N+1)-2}(\underline{x}) & \ominus & p_{(N+1)-1}(\underline{x}) \end{array} \right]$$

$$\bigvee_{j=0}^{N}\left[\bigominus_{i=1+j}^{N+1} p_i(\underline{x}) \ominus \bigominus_{k=1}^{j} p_k(\underline{x})\right] = \left[\begin{array}{ccccccccccc} p_1(\underline{x}) & \ominus & p_2(\underline{x}) & \ominus\ldots\ominus & p_N(\underline{x}) & \ominus & p_{N+1}(\underline{x}) & & & & \\ & & p_2(\underline{x}) & \ominus\ldots\ominus & p_N(\underline{x}) & \ominus & p_{N+1}(\underline{x}) & \ominus & p_1(\underline{x}) & & \\ & & & & & \vdots & & \vdots & & & \\ & & & & p_N(\underline{x}) & \ominus & p_{N+1}(\underline{x}) & \ominus & p_1(\underline{x}) & \ominus\ldots\ominus & p_{(N-1)}(\underline{x}) \\ & & & & & & p_{(N+1)}(\underline{x}) & \ominus & p_1(\underline{x}) & \ominus\ldots\ominus & p_{(N-1)}(\underline{x}) \ominus p_N(\underline{x}) \end{array}\right]$$

$$\bigvee_{j=0}^{N-1}\left[\bigominus_{i=1+j}^{N+1} p_i(\underline{x}) \bigominus_{k=1}^{j} p_k(\underline{x})\right] \vee \left(p_{N+1}(\underline{x}) \ominus \bigominus_{k=1}^{N} p_k(\underline{x})\right) = \bigvee_{j=0}^{N-1}\left[\bigominus_{i=1+j}^{N}\left(p_i(\underline{x}) \ominus p_{N+1}(\underline{x})\right) \bigominus_{k=1}^{j} p_k(\underline{x})\right] \vee \left(p_{N+1}(\underline{x}) \ominus \bigominus_{k=1}^{N} p_k(\underline{x})\right)$$

$$\bigvee_{j=0}^{N-1}\left[\bigominus_{i=1+j}^{N+1} p_i(\underline{x}) \bigominus_{k=1}^{j} p_k(\underline{x})\right] \vee \left(p_{N+1}(\underline{x}) \ominus \bigominus_{k=1}^{N} p_k(\underline{x})\right) = \bigvee_{j=0}^{N-1}\left[\bigominus_{i=1+j}^{N+1} p_i(\underline{x}) \bigominus_{k=1}^{j} p_k(\underline{x})\right] \vee \left(p_{N+1}(\underline{x}) \ominus \bigominus_{k=1}^{N} p_k(\underline{x})\right)$$

□

9 Beweis der Strukturzugehörigkeit

Die Grundformen lassen sich nach den Gesetzen der Booleschen Algebra ineinander umformen. Die Booleschen Funktionen, die mit der Trägermenge $\mathbf{B}^n$ zum Booleschen Verband (BV) zugehörig sind, werden bei der disjunktiven Form DF mit den Operationen $(\wedge, \vee, \neg)$ und bei der konjunktiven Form KF mit den Operationen $(\wedge, \vee, \neg)$ abgebildet. Dagegen werden bei Booleschen Funktionen, welche mit der Trägermenge $\mathbf{B}^n$ zum Booleschen Ring (BR) zugehörig sind, mit den Operationen $(\oplus, \wedge)$ die Antivalenzform von Konjunktionen AF_K und mit den Operationen $(\odot, \vee)$ die Äquivalenzform von Disjunktionen EF_D dargestellt. Zudem ist der Boolesche Verband $BV = (\mathbf{B}^n, \wedge, \vee, \neg)$ eindeutig dem Booleschen Ring $BR = (\mathbf{B}^n, \oplus, \wedge)$ und $BV^* = (\mathbf{B}^n, \vee, \wedge, \neg)$ dem $BR^* = (\mathbf{B}^n, \odot, \vee)$ zugeordnet [Kü79]. Diese Zuordnung(en) sollen zunächst in den folgenden Beweisen dargelegt werden. Neben den Beweisen der strukturellen Zugehörigkeit der vier Grundformen DF, KF, AF_K und EF_D, fehlt jedoch der Beweis für die Existenz einer Struktur für die letzten beiden Grundformen AF_D und EF_K. Daher wird im Anschluss überprüft, ob ihre Struktur des algebraischen Systems BR'' dem Booleschen Ring zuzuordnen ist.

9.1 AF_K ein Boolescher Ring

Zunächst soll die Zugehörigkeit des algebraischen Systems $BR = (\mathbf{B}^n, \oplus, \wedge)$ zum Booleschen Ring gezeigt werden. Nach selber Schematik wird bei den nachfolgenden Funktionsformen die Strukturzugehörigkeit überprüft.

Gegeben ist $BV = (\mathbf{B}^n, \wedge, \vee, \neg)$. Dazu werden für alle Elemente aus $\mathbf{B}^n$ eine Addition

$$x_i + x_j = (x_i \bar{x}_j) \vee (\bar{x}_i x_j) = (x_i \vee x_j) \wedge (\bar{x}_i \vee \bar{x}_j) = x_i \oplus x_j$$

und eine Multiplikation definiert

$$x_i \circ x_j = x_i \cdot x_j$$

Damit die entstandene Struktur dem Booleschen Ring zu zuordnen ist, müssen folgende Eigenschaften erfüllt sein:

Beweis.

1. Kommutativität der Ringaddition

$$x_i \oplus x_j = x_j \oplus x_i$$
$$(x_i \vee x_j) \wedge (\bar{x}_i \vee \bar{x}_j) = (x_j \vee x_i) \wedge (\bar{x}_j \vee \bar{x}_i)$$

Da die Operationen $\wedge$ und $\vee$ kommutativ sind, ist die Kommutativität der Ringaddition damit erfüllt.

2. Assoziativität der Ringaddition

$$\underbrace{(x_i \oplus x_j) \oplus x_k}_{\text{linke Seite}} = \underbrace{x_i \oplus (x_j \oplus x_k)}_{\text{rechte Seite}}$$

- Nebenrechnung für die linke Seite:

$$\begin{aligned}(x_i \oplus x_j) \oplus x_k &= (x_i\bar{x}_j \vee \bar{x}_i x_j) \oplus x_k \\ &= \left[\overline{(x_i\bar{x}_j \vee \bar{x}_i x_j)} \cdot x_k\right] \vee \left[(x_i\bar{x}_j \vee \bar{x}_i x_j) \cdot \bar{x}_k\right] \\ &= \left[(\bar{x}_i \vee x_j) \cdot (x_i \vee \bar{x}_j) \cdot x_k\right] \vee \left[(x_i\bar{x}_j \vee \bar{x}_i x_j) \cdot \bar{x}_k\right] \\ &= \bar{x}_i\bar{x}_j x_k \vee x_i x_j x_k \vee x_i\bar{x}_j\bar{x}_k \vee \bar{x}_i x_j \bar{x}_k\end{aligned}$$

- Nebenrechnung für die rechte Seite:

$$\begin{aligned}x_i \oplus (x_j \oplus x_k) &= x_i \oplus (x_j\bar{x}_k \vee \bar{x}_j x_k) \\ &= \left[\bar{x}_i \cdot (x_j\bar{x}_k \vee \bar{x}_j x_k)\right] \vee \left[x_i \cdot \overline{(x_j\bar{x}_k \vee \bar{x}_j x_k)}\right] \\ &= \left[\bar{x}_i \cdot (x_j\bar{x}_k \vee \bar{x}_j x_k)\right] \vee \left[x_i (\bar{x}_j \vee x_k) \cdot (x_j \vee \bar{x}_k)\right] \\ &= \bar{x}_i\bar{x}_j x_k \vee x_i x_j x_k \vee x_i\bar{x}_j\bar{x}_k \vee \bar{x}_i x_j \bar{x}_k\end{aligned}$$

linke Seite = rechte Seite

Mit der Anwendung der Distributivgesetze und der Sätze von De'Morgan resultiert die Gleichheit beider Seiten. Damit ist die Assoziativität der Ringaddition erfüllt.

3. Nullelemente des Ringes ist erfüllt, wenn aus $x_i \oplus n = x_i$ folgt.

$$(x_i \cdot \bar{n}) \vee (\bar{x}_i \cdot n) = x_i$$
$$\underbrace{(x_i \cdot \bar{n})}_{x_i} \vee \underbrace{(\bar{x}_i \cdot n)}_{0} = x_i$$

Mit $n = 0$ ist diese Beziehung erfüllt, die auch dem Nullelement des Verbandes BV entspricht.

4. Einselemente des Ringes ist erfüllt, wenn aus $x_i \cdot e = x_i$ folgt. Mit $e = 1$ ist diese Beziehung erfüllt, die auch dem Einselement des Verbandes BV entspricht.

5. Existenz inverser Elemente ist erfüllt, wenn aus $x_i \oplus (-x_i) = n$ folgt.

$$(x_i \cdot \overline{(-x_i)}) \vee (\bar{x}_i \cdot (-x_i)) = 0$$

Die Existenz ist mit $(-x_i) = x_i$ gegeben. Damit ist jedes Element $x_i \in \mathbf{B}^n$ zu sich selbst invers.

6. Distributivität bezüglich der Ringmultiplikation ist erfüllt, wenn

$$\underbrace{(x_i \oplus x_j) \cdot x_k}_{linkeSeite} = \underbrace{(x_i \cdot x_k) \oplus (x_j \cdot x_k)}_{rechteSeite}$$

gilt.

- Nebenrechnung für die linke Seite:

$$\begin{aligned}(x_i \oplus x_j) \cdot x_k &= \Big((x_i \bar{x}_j) \vee (\bar{x}_i x_j)\Big) \cdot x_k \\ &= x_i \bar{x}_j x_k \vee \bar{x}_i x_j x_k\end{aligned}$$

- Nebenrechnung für die rechte Seite:

$$\begin{aligned}(x_i \cdot x_k) \oplus (x_j \cdot x_k) &= \Big[(x_i x_k \cdot \overline{x_j x_k}) \vee (\overline{x_i x_k} \cdot x_j x_k)\Big] \\ &= \Big[(x_i x_k \cdot (\bar{x}_j \vee \bar{x}_k)) \vee ((\bar{x}_i \vee \bar{x}_j) \cdot x_j x_k)\Big] \\ &= x_i \bar{x}_j x_k \vee \bar{x}_i x_j x_k\end{aligned}$$

linke Seite = rechte Seite

Die Distributivität ist erfüllt.

7. Kommutativität der Ringmultiplikation ist mit

$$x_i \cdot x_j = x_j \cdot x_i$$

erfüllt.

8. Assoziativität der Ringmultiplikation ist mit

$$(x_i \cdot x_j) \cdot x_k = x_i \cdot (x_j \cdot x_k)$$

auch erfüllt.

□

Mit der Erfüllung aller acht Eigenschaften wurde damit bestätigt, dass die Struktur des algebraischen Systems $BR = (\mathbf{B}^n, \oplus, \wedge)$ ein Boolescher Ring ist. Damit gelten für die Elemente $x_i, x_j \in \mathbf{B}^n$ einer AF_K folgende Beziehungen:

$$x_i \oplus x_j = 0 \quad \text{für} \quad x_i = x_j$$

$$x_i \oplus x_i \oplus \ldots \oplus x_i = \begin{cases} x_i, \text{für ungerade Anzahl an } x_i \\ 0, \text{für gerade Anzahl an } x_i \end{cases}$$

$$x_i \oplus 1 = \bar{x}_i \quad \text{bzw.} \quad x_i \oplus \bar{x}_i = 1$$

Die Umformung des Booleschen Ring $BR = (\mathbf{B}^n, \oplus, \wedge)$ in den Booleschen Verband $BV = (\mathbf{B}^n, \wedge, \vee, \neg)$ entsteht bei folgenden Definitionen:

$$\begin{aligned} x_i \wedge x_j &= x_i \cdot x_j \\ x_i \vee x_j &= x_i \oplus x_j \oplus (x_i x_j) \\ \bar{x}_i &= x_i \oplus 1 \end{aligned} \tag{9.1}$$

9.2 EF$_D$ ein Boolescher Ring

Nachfolgend wird der Beweis erbracht, dass das algebraische System $BR^* = (\mathbf{B}^n, \odot, \vee)$ dem Booleschen Ring zuzuordnen ist.

Der $BV^* = (\mathbf{B}^n, \vee, \wedge, \neg)$ ist gegeben. Dazu werden für alle Elemente aus $\mathbf{B}^n$ eine Addition

$$x_i + x_j = (x_i \vee \bar{x}_j) \cdot (\bar{x}_i \vee x_j) = x_i \odot x_j$$

und eine Multiplikation definiert

$$x_i \circ x_j = x_i \vee x_j$$

Damit die entstandene Struktur dem Boolescher Ring zuzuordnen ist, müssen folgende Eigenschaften erfüllt sein:

Beweis.

1. Kommutativität der Ringaddition

$$x_i \odot x_j = x_j \odot x_i$$
$$(x_i \vee \bar{x}_j) \cdot (\bar{x}_i \vee x_j) = (x_j \vee \bar{x}_i) \cdot (\bar{x}_j \vee x_i)$$

Da die Operationen $\wedge$ und $\vee$ kommutativ sind, ist die Kommutativität der Ringaddition damit erfüllt.

2. Assoziativität der Ringaddition

$$\underbrace{(x_i \odot x_j) \odot x_k}_{\text{linke Seite}} = \underbrace{x_i \odot (x_j \odot x_k)}_{\text{rechte Seite}}$$

- Nebenrechnung für die linke Seite:

$$
\begin{aligned}
(x_i \odot x_j) \odot x_k &= \left[(x_i \vee \bar{x}_j) \cdot (\bar{x}_i \vee x_j) \vee \bar{x}_k\right] \cdot \left[\overline{(x_i \vee \bar{x}_j) \cdot (\bar{x}_i \vee x_j)} \vee x_k\right] \\
&= \left[x_i x_j \vee \bar{x}_i \bar{x}_j \vee \bar{x}_k\right] \cdot \left[\bar{x}_i x_j \vee x_i \bar{x}_j \vee x_k\right] \\
&= x_i x_j x_k \vee \bar{x}_i \bar{x}_j x_k \vee \bar{x}_i x_j \bar{x}_k \vee x_i \bar{x}_j \bar{x}_k
\end{aligned}
$$

- Nebenrechnung für die rechte Seite:

$$
\begin{aligned}
x_i \odot (x_j \odot x_k) &= \left[x_i \vee \overline{(x_j \vee \bar{x}_k) \cdot (\bar{x}_j \vee x_k)}\right] \cdot \left[\bar{x}_i \vee (x_j \vee \bar{x}_k) \cdot (\bar{x}_j \vee x_k)\right] \\
&= \left[x_i \vee \bar{x}_j x_k \vee x_j \bar{x}_k\right] \cdot \left[\bar{x}_i \vee x_j x_k \vee \bar{x}_j \bar{x}_k\right] \\
&= x_i x_j x_k \vee \bar{x}_i \bar{x}_j x_k \vee \bar{x}_i x_j \bar{x}_k \vee x_i \bar{x}_j \bar{x}_k
\end{aligned}
$$

linke Seite = rechte Seite

Mit der Anwendung der Distributivgesetze und der Sätze von De'Morgan resultiert die Gleichheit beider Seiten. Damit ist die Assoziativität der Ringaddition erfüllt.

3. Nullelemente des Ringes ist erfüllt, wenn aus $x_i \odot n = x_i$ folgt.

$$
\begin{aligned}
(\bar{x}_i \vee n) \cdot (x_i \vee \bar{n}) &= x_i \\
\underbrace{(\bar{x}_i \vee 1)}_{1} \cdot \underbrace{(x_i \vee 0)}_{x_i} &= x_i \\
x_i &= x_i
\end{aligned}
$$

Mit $n = 1$ ist die Beziehung erfüllt, die auch dem Nullelement des Verbandes BV^* entspricht.

4. Einselemente des Ringes ist erfüllt, wenn aus $x_i \vee e = x_i$ folgt. Mit $e = 0$ ist diese Beziehung erfüllt, die auch dem Einselement des Verbandes BV^* entspricht.

5. Existenz inverser Elemente ist erfüllt, wenn aus $x_i \odot (-x_i) = n$ folgt.

$$
\underbrace{(x_i \cdot (-x_i))}_{x_i} \vee \underbrace{(\bar{x}_i \cdot \overline{(-x_i)})}_{\bar{x}_i} = 1
$$

Die Existenz einer Inversen ist mit $(-x_i) = x_i$ gegeben. Damit ist jedes Element $x_i \in \mathbf{B}^n$ zu sich selbst invers.

6. Distributivität bezüglich der Ringmultiplikation ist erfüllt, wenn

$$
\underbrace{(x_i \odot x_j) \vee x_k}_{linkeSeite} = \underbrace{(x_i \vee x_k) \odot (x_j \vee x_k)}_{rechteSeite}
$$

gilt.

- Nebenrechnung für die linke Seite:

$$\begin{aligned}(x_i \odot x_j) \vee x_k &= (x_i \vee \bar{x}_j) \cdot (\bar{x}_i \vee x_j) \vee x_k \\ &= x_i x_j \vee \bar{x}_i \bar{x}_j \vee x_k\end{aligned}$$

- Nebenrechnung für die rechte Seite:

$$\begin{aligned}(x_i \vee x_k) \odot (x_j \vee x_k) &= \left[x_i \vee x_k \vee \overline{x_j \vee x_k}\right] \cdot \left[\overline{x_i \vee x_k} \vee x_j \vee x_k\right] \\ &= \left[x_i \vee x_k \vee \bar{x}_j \bar{x}_k\right] \cdot \left[\bar{x}_i \bar{x}_k \vee x_j \vee x_k\right] \\ &= x_i x_j \vee x_k \vee \bar{x}_i \bar{x}_j\end{aligned}$$

linke Seite = rechte Seite

Die Distributivität ist erfüllt.

7. Kommutativität der Ringmultiplikation ist mit

$$x_i \vee x_j = x_j \vee x_i$$

erfüllt.

8. Assoziativität der Ringmultiplikation ist mit

$$(x_i \vee x_j) \vee x_k = x_i \vee (x_j \vee x_k)$$

auch erfüllt.

□

Mit der Erfüllung aller acht Eigenschaften wurde damit bestätigt, dass die Struktur des algebraischen Systems $BR^* = (\mathbf{B}^n, \odot, \vee)$ ein Boolescher Ring ist. Damit gelten für die Elemente $x_i, x_j \in \mathbf{B}^n$ einer EF_D folgende Beziehungen:

$$x_i \odot x_j = 1 \quad \text{für} \quad x_i = x_j$$

$$x_i \odot x_i \odot \ldots \odot x_i = \begin{cases} x_i, \text{für ungerade Anzahl an } x_i \\ 1, \text{für gerade Anzahl an } x_i \end{cases}$$

$$x_i \odot 0 = \bar{x}_i \quad \text{bzw.} \quad x_i \odot \bar{x}_i = 0$$

Die Umformung des Booleschen Ring $BR^* = (\mathbf{B}^n, \odot, \vee)$ in den Booleschen Verband $BV^* = (\mathbf{B}^n, \vee, \wedge, \neg)$ entsteht bei folgenden Definitionen:

$$\begin{aligned}x_i \vee x_j &= x_i \vee x_j \\ x_i \wedge x_j &= x_i \odot x_j \odot (x_i \vee x_j) \\ \bar{x}_i &= x_i \odot 0\end{aligned} \tag{9.2}$$

9.3 AF_D kein Boolescher Ring

Das algebraische System $BR' = (\mathbf{B}^n, \oplus, \vee)$ soll darauf geprüft werden, ob es dem Booleschen Ring zugeordnet werden darf.

Gegeben ist $BV = (\mathbf{B}^n, \wedge, \vee, \neg)$. Dazu werden für alle Elemente aus $\mathbf{B}^n$ eine Addition

$$x_i + x_j = (x_i\bar{x}_j) \vee (\bar{x}_i x_j) = (x_i \vee x_j) \wedge (\bar{x}_i \vee \bar{x}_j) = x_i \oplus x_j$$

und eine Multiplikation definiert

$$x_i \circ x_j = x_i \vee x_j$$

Damit die entstandene Struktur dem Booleschen Ring zugeordnet werden kann, müssen alle folgenden Eigenschaften erfüllt sein:

Beweis.

1. Kommutativität der Ringaddition

$$x_i \oplus x_j = x_j \oplus x_i$$
$$(x_i \vee x_j) \wedge (\bar{x}_i \vee \bar{x}_j) = (x_j \vee x_i) \wedge (\bar{x}_j \vee \bar{x}_i)$$

Da die Operationen $\wedge$ und $\vee$ kommutativ sind, ist die Kommutativität der Ringaddition damit erfüllt.

2. Assoziativität der Ringaddition

$$\underbrace{(x_i \oplus x_j) \oplus x_k}_{\text{linke Seite}} = \underbrace{x_i \oplus (x_j \oplus x_k)}_{\text{rechte Seite}}$$

- Nebenrechnung für die linke Seite:

$$\begin{aligned}(x_i \oplus x_j) \oplus x_k &= (x_i\bar{x}_j \vee \bar{x}_i x_j) \oplus x_k\\ &= \left[\overline{(x_i\bar{x}_j \vee \bar{x}_i x_j)} \cdot x_k\right] \vee \left[(x_i\bar{x}_j \vee \bar{x}_i x_j) \cdot \bar{x}_k\right]\\ &= \left[(\bar{x}_i \vee x_j) \cdot (x_i \vee \bar{x}_j) \cdot x_k\right] \vee \left[(x_i\bar{x}_j \vee \bar{x}_i x_j) \cdot \bar{x}_k\right]\\ &= \bar{x}_i\bar{x}_j x_k \vee x_i x_j x_k \vee x_i\bar{x}_j\bar{x}_k \vee \bar{x}_i x_j \bar{x}_k\end{aligned}$$

- Nebenrechnung für die rechte Seite:

$$\begin{aligned}x_i \oplus (x_j \oplus x_k) &= x_i \oplus (x_j\bar{x}_k \vee \bar{x}_j x_k)\\ &= \left[\bar{x}_i \cdot (x_j\bar{x}_k \vee \bar{x}_j x_k)\right] \vee \left[x_i \cdot \overline{(x_j\bar{x}_k \vee \bar{x}_j x_k)}\right]\\ &= \left[\bar{x}_i \cdot (x_j\bar{x}_k \vee \bar{x}_j x_k)\right] \vee \left[x_i(\bar{x}_j \vee x_k) \cdot (x_j \vee \bar{x}_k)\right]\\ &= \bar{x}_i\bar{x}_j x_k \vee x_i x_j x_k \vee x_i\bar{x}_j\bar{x}_k \vee \bar{x}_i x_j \bar{x}_k\end{aligned}$$

linke Seite = rechte Seite

Mit der Anwendung der Distributivgesetze und der Sätze von De'Morgan resultiert die Gleichheit beider Seiten. Damit ist die Assoziativität der Ringaddition erfüllt.

3. Nullelemente des Ringes ist erfüllt, wenn aus $x_i \oplus n = x_i$ folgt.

$$(x_i \cdot \bar{n}) \vee (\bar{x}_i \cdot n) = x_i$$

$$\underbrace{(x_i \cdot \bar{n})}_{x_i} \vee \underbrace{(\bar{x}_i \cdot n)}_{0} = x_i$$

Mit $n = 0$ ist diese Beziehung erfüllt, die auch dem Nullelement des Verbandes BV entspricht.

4. Einselemente des Ringes ist erfüllt, wenn aus $x_i \vee e = x_i$ folgt. Nur mit $e = 0$ wäre diese Beziehung erfüllt, jedoch entsteht dadurch ein Wertekonflikt mit dem Nullelement.

5. Existenz inverser Elemente ist erfüllt, wenn aus $x_i \oplus (-x_i) = n$ folgt.

$$(x_i \cdot \overline{(-x_i)}) \vee (\bar{x}_i \cdot (-x_i)) = 0$$

Die Existenz ist mit $(-x_i) = x_i$ gegeben. Damit ist jedes Element $x_i \in \mathbf{B}^n$ zu sich selbst invers.

6. Distributivität bezüglich der Ringmultiplikation ist erfüllt, wenn

$$\underbrace{x_i \vee (x_j \oplus x_k)}_{linkeSeite} = \underbrace{(x_i \vee x_j) \oplus (x_i \cdot x_k)}_{rechteSeite}$$

gilt.

- Nebenrechnung für die linke Seite:

$$x_i \vee (x_j \oplus x_k) = x_i \vee x_j \bar{x}_k \vee \bar{x}_j x_k$$

- Nebenrechnung für die rechte Seite:

$$\begin{aligned}(x_i \vee x_j) \oplus (x_i \cdot x_k) &= \left[(x_i \vee x_j) \cdot \overline{(x_i \vee x_k)}\right] \vee \left[\overline{(x_i \vee x_j)} \cdot (x_i \vee x_k)\right] \\ &= (x_i \vee x_j) \cdot \bar{x}_i \bar{x}_k \vee \bar{x}_i \bar{x}_j \cdot (x_i \vee x_k) \\ &= \bar{x}_i x_j \bar{x}_k \vee \bar{x}_i \bar{x}_j x_k\end{aligned}$$

linke Seite $\neq$ rechte Seite

Die Distributivität ist damit nicht erfüllt.

7. Kommutativität der Ringmultiplikation ist mit

$$x_i \vee x_j = x_j \vee x_i$$

erfüllt.

8. Assoziativität der Ringmultiplikation ist mit

$$(x_i \vee x_j) \vee x_k = x_i \vee (x_j \vee x_k)$$

auch erfüllt.

□

Leider werden alle acht Eigenschaften nicht vollständig erfüllt, so dass nun gesagt werden kann, dass das algebraische System $BR^{'} = (\mathbf{B}^n, \oplus, \vee)$ nicht zum Booleschen Ring dazugehörig ist.

9.4 EF_K kein Boolescher Ring

Hier soll nun untersucht werden, ob das algebraische System $BR^{''} = (\mathbf{B}^n, \odot, \wedge)$ dem Booleschen Ring zuzuordnen ist.
Gegeben ist der $BV^{''} = (\mathbf{B}^n, \vee, \wedge, \neg)$ und dazu werden für alle Elemente aus $\mathbf{B}^n$ eine Addition

$$x_i + x_j = (x_i \vee \bar{x}_j) \cdot (\bar{x}_i \vee x_j) = x_i \odot x_j$$

und eine Multiplikation definiert

$$x_i \circ x_j = x_i \wedge x_j$$

Damit die Struktur von EF_K dem Booleschen Ring zugeordnet werden kann, müssen folgende Eigenschaften erfüllt sein:

Beweis.

1. Kommutativität der Ringaddition

$$\begin{aligned} x_i \odot x_j &= x_j \odot x_i \\ (x_i \vee \bar{x}_j) \cdot (\bar{x}_i \vee x_j) &= (x_j \vee \bar{x}_i) \cdot (\bar{x}_j \vee x_i) \end{aligned}$$

Da die Operationen $\wedge$ und $\vee$ kommutativ sind, ist die Kommutativität der Ringaddition damit erfüllt.

2. Assoziativität der Ringaddition

$$\underbrace{(x_i \odot x_j) \odot x_k}_{\text{linke Seite}} = \underbrace{x_i \odot (x_j \odot x_k)}_{\text{rechte Seite}}$$

- Nebenrechnung für die linke Seite:

$$\begin{aligned} (x_i \odot x_j) \odot x_k &= \left[(x_i \vee \bar{x}_j) \cdot (\bar{x}_i \vee x_j) \vee \bar{x}_k\right] \cdot \left[\overline{(x_i \vee \bar{x}_j) \cdot (\bar{x}_i \vee x_j)} \vee x_k\right] \\ &= \left[x_i x_j \vee \bar{x}_i \bar{x}_j \vee \bar{x}_k\right] \cdot \left[\bar{x}_i x_j \vee x_i \bar{x}_j \vee x_k\right] \\ &= x_i x_j x_k \vee \bar{x}_i \bar{x}_j x_k \vee \bar{x}_i x_j \bar{x}_k \vee x_i \bar{x}_j \bar{x}_k \end{aligned}$$

- Nebenrechnung für die rechte Seite:

$$\begin{aligned} x_i \odot (x_j \odot x_k) &= \left[x_i \vee \overline{(x_j \vee \bar{x}_k) \cdot (\bar{x}_j \vee x_k)}\right] \cdot \left[\bar{x}_i \vee (x_j \vee \bar{x}_k) \cdot (\bar{x}_j \vee x_k)\right] \\ &= \left[x_i \vee \bar{x}_j x_k \vee x_j \bar{x}_k\right] \cdot \left[\bar{x}_i \vee x_j x_k \vee \bar{x}_j \bar{x}_k\right] \\ &= x_i x_j x_k \vee \bar{x}_i \bar{x}_j x_k \vee \bar{x}_i x_j \bar{x}_k \vee x_i \bar{x}_j \bar{x}_k \end{aligned}$$

linke Seite = rechte Seite

Mit der Anwendung der Distributivgesetze und der Sätze von De'Morgan resultiert die Gleichheit beider Seiten. Damit ist die Assoziativität der Ringaddition erfüllt.

3. Nullelemente des Ringes ist erfüllt, wenn aus $x_i \odot n = x_i$ folgt.

$$\begin{aligned} (\bar{x}_i \vee n) \cdot (x_i \vee \bar{n}) &= x_i \\ \underbrace{(\bar{x}_i \vee 1)}_{1} \cdot \underbrace{(x_i \vee 0)}_{x_i} &= x_i \\ x_i &= x_i \end{aligned}$$

Mit $n = 1$ ist die Beziehung erfüllt, die auch dem Nullelement des Verbandes BV'' entspricht.

4. Einselemente des Ringes ist erfüllt, wenn aus $x_i \cdot e = x_i$ folgt. Mit $e = 1$ würde diese Beziehung erfüllt werden, jedoch ist bereits das Nullelement mit $n = 1$ definiert, so dass hier ein Wertekonflikt entsteht!

5. Existenz inverser Elemente ist erfüllt, wenn aus $x_i \odot (-x_i) = n$ folgt.

$$\underbrace{(x_i \cdot (-x_i))}_{x_i} \vee \underbrace{(\bar{x}_i \cdot \overline{(-x_i)})}_{\bar{x}_i} = 1$$

Die Existenz ist mit $(-x_i) = x_i$ gegeben. Damit ist jedes Element $x_i \in \mathbf{B}^n$ zu sich selbst invers.

6. Distributivität bezüglich der Ringmultiplikation ist erfüllt, wenn

$$\underbrace{x_i \cdot (x_j \odot x_k)}_{\text{linke Seite}} = \underbrace{(x_i \cdot x_j) \odot (x_i \cdot x_k)}_{\text{rechte Seite}}$$

gilt.

- Nebenrechnung für die linke Seite:

$$\begin{aligned} x_i \cdot (x_j \odot x_k) &= x_i \cdot \left[\bar{x}_j \bar{x}_k \vee \bar{x}_j \bar{x}_k\right] \\ &= x_i x_j x_k \vee x_i \bar{x}_j \bar{x}_k \end{aligned}$$

- Nebenrechnung für die rechte Seite:

$$\begin{aligned}(x_i \cdot x_j) \odot (x_i \cdot x_k) &= \left[\overline{x_i x_j} \cdot \overline{x_i x_k}\right] \vee \left[x_i x_j \vee x_i x_k\right] \\ &= \left[(\bar{x}_i \vee \bar{x}_j) \cdot (\bar{x}_i \vee \bar{x}_k)\right] \vee x_i x_j x_k \\ &= \underbrace{\bar{x}_i \vee \bar{x}_i \bar{x}_k \vee \bar{x}_i \bar{x}_j}_{\bar{x}_i} \vee \bar{x}_j \bar{x}_k \vee x_i x_j x_k \\ &= \bar{x}_i \vee \bar{x}_j \bar{x}_k \vee x_i x_j x_k\end{aligned}$$

linke Seite $\neq$ rechte Seite

Die Distributivität ist damit nicht erfüllt.

7. Kommutativität der Ringmultiplikation ist mit

$$x_i \wedge x_j = x_j \wedge x_i$$

erfüllt.

8. Assoziativität der Ringmultiplikation ist mit

$$(x_i \wedge x_j) \wedge x_k = x_i \wedge (x_j \wedge x_k)$$

auch erfüllt.

□

Mit der Nichterfüllung aller acht Eigenschaften wurde damit bestätigt, dass die Struktur des algebraischen Systems $BR'' = (\mathbf{B}^n, \odot, \vee)$ kein Boolescher Ring ist.

Literatur

[Beu06] Beuth, Klaus: *Digitaltechnik. Elektrotechnik 4.* Würzburg, Deutschland: Vogel Buchverlag, 2006. – ISBN 978–3–8343–3084–0

[Boc06] Bochmann, Dieter: *Binäre Systeme - Ein Boolean Buch.* Hagen, Deutschland: LiLoLe-Verlag, 2006. – ISBN 978–3–9344–4710–3

[Boo47] Boole, George: *The Mathematical Analysis of Logic.* Cambridge, Vereinigtes Königreich: Cambridge University Press, 1998 (first published 1847). – ISBN 978–0511701337

[BP81] Bochmann, Dieter; Posthoff, Christian: *Binäre dynamische Systeme.* Berlin, DDR: Akademie-Verlag, 1981. – ISBN 348625071X

[BZP84] Bochmann, Dieter; Zakrevskij, A. D.; Posthoff, Christian: *Boolesche Gleichungen. Theorie - Anwendungen - Algorithmen.* Berlin, DDR: VEB Verlag Technik, 1984. – ISBN 3211958150

[Can16] Can, Yavuz: *Neue Boolesche Operative Orthogonalisierende Methoden und Gleichungen.* 1. Erlangen, Deutschland: FAU University Press, 2016 *https://www.university-press.fau.de/verlagsprogramm/autoren.php?Buchstabe=C.* – ISBN 978–3–944057–69–9

[Can17a] Can, Yavuz: Extended Forms of Switching Functions. In: *4th International Conference on Electrical and Electronics Engineering (ICEEE).* Ankara, Türkei: IEEE Support, April 2017

[Can17b] Can, Yavuz: Quaternary-Vector-List for totally computational treating of switching algebraic tasks. In: *26th International Conference on Information, Communication and Automation Technologies ICAT.* Sarajevo, Bosnien & Herzogovina, Oktober 2017

[Can18] Can, Yavuz: Disjointed sum of products by a novel technique of orthogonalizing ORing. In: *Open Mathematics* 16 (2018), April, Nr. 1, S. 392–406. *http://dx.doi.org/10.1515/math-2018-0038.* – DOI 10.1515/math–2018–0038

[Can20] Can, Yavuz: Novel Technique for disjointed sum of products. In: *Turkic World Mathematical Society TWMS - Journal of Applied and Engineering Mathematics* 10 (2020), Nr. 2, S. 470–489. – ISSN 2587–1013

[CH11] Crama, Yves; Hammer, Peter L.: *Boolean Functions. Theory, Algorithms, and Applications.* New York, USA: Cambridge University Press, 2011 (Encyclopedia of Mathematics and its Applications 142). – ISBN 978–0521847513

[CYF20] Can, Yavuz; Yaz,Önder; Fey, Dietmar: Disjoint Sum of Products by Orthogonalizing Difference-Building ⊖. In: *Open Engineering* 10 (2020), Juli, Nr. 1, S. 586–594. *http://dx.doi.org/10.1515/eng-2020-0067*. – DOI 10.1515/eng–2020–0067. – ISSN 2391–5439

[Kü79] Kühnrich, Manfred: *Ternärvektorlisten und deren Anwendung auf binäre Schaltnetzwerke.* Karl-Marx-Stadt (Chemnitz), DDR, Diss., 1979

[Lip95] Lipp, Hans Martin: *Grundlagen der Digitaltechnik.* München, Deutschland: Oldenbourg Wissenschaftsverlag, 1995. – ISBN 978–3486232851

[LS03] Lang, Christian; Steinbach, Bernd: Bi-Decomposition of Function Sets in Multiple-Valued Logic for Circuit Design and Data Mining. In: *Artificial Intelligence Review* 20 (2003), Dezember, Nr. 3-4, S. 233–267. *http://dx.doi.org/10.1023/B:AIRE.0000006608.31990.cd*. – DOI 10.1023/B:AIRE.0000006608.31990.cd

[NEBS96] Neunzert, Helmut; Eschmann, Winfried G.; Blickendörfer-Ehlers, Arndt; Schelkes, Klaus: *Analysis 1. Ein Lehr- und Arbeitsbuch für Studienanfänger.* Berlin, Deutschland: Springer-Verlag, 1996. – ISBN 3–540–61012–X

[PBH86] Posthoff, Christian; Bochmann, Dieter; Haubold, Karlheinz: *Diskrete Mathematik.* Leipzig, DDR: BSB Teubner, 1986. – ISBN ISSN: 0465–3769

[Pos79] Posthoff, Christian: *Der Boolesche Differentialkalkül und seine Anwendung auf die Untersuchung dynamischer Erscheinungen in binären Systemen.* Karl-Marx-Stadt (Chemnitz), DDR, Diss., 1979

[PS91] Posthoff, Christian; Steinbach, Bernd: *Logikentwurf mit XBOOLE. Algorithmen und Programme.* 1. Berlin, Deutschland: Verlag Technik, 1991. – ISBN 978–3–3410–1006–8

[Ric01] Richter, Matthias: *Grundwissen - Mathematik für Ingenieure.* Dresden, Deutschland: B.G. Teubner GmbH, 2001. – ISBN 3–519–00413–5

[SD00] Steinbach, Bernd; Dorotska, Christina: Orthogonal Block Building Using Ordered Lists of Ternary Vectors. In: *Proceedings of the 4th International Workshops on Boolean Problems.* Freiberg, Deutschland, 2000

[SD02] Steinbach, Bernd; Dorotska, Christina: Orthogonal Block Change & Block Building Using Ordered Lists of Ternary Vectors. In: *Proceedings of the 5th International Workshops on Boolean Problems.* Freiberg, Deutschland, 2002

[SD03] Steinbach, Bernd; Dorotska, Christina: Orthogonal Block Change & Block Building using a Simulated Annealing Algorithm. In: *Conference on The Experience of Designing and Application of CAD Systems in Microelectronics CADSM.* Slavske, Ukraine: IEEE, Februar 2003

[Sha38] Shannon, Claude Elwood: A Symbolic Analysis of Relay and Switching Circuits. In: *Electrical Engineering, IEEE* 57 (1938), Dezember, Nr. 12, S. 713–723. *http://dx.doi.org/10.1109/EE.1938.6431064*. – DOI 10.1109/EE.1938.6431064. – ISSN 2376–7804

[SP07] Steinbach, Bernd; Posthoff, Christian: An Extended Theory of Boolean Normal Forms. In: *6th Annual Hawaii International Conference on Statistics, Mathematics and Related Fields.* Honolulu, Hawaii, 2007, S. 1124–1139

[Web77] Weber, Wolfgang: *Einführung in die Methoden der Digitaltechnik.* Berlin, Deutschland: Elitera-Verlag, 1977. – ISBN 978–3870870867

[WH03] Wuttke, Heinz-Dietrich; Henke, Karsten: *Schaltsysteme. Eine automatenorientierte Einführung.* München, Deutschland: Pearson Deutschland GmbH, 2003. – ISBN 978–3827370358

[Whi69] Whitesitt, John Eldon: *Boolesche Algebra und Ihre Anwendungen.* Braunschweig, Deutschland: Vieweg+Teubner Verlag;, 1969. – ISBN 978–3528081843

[Zan89] Zander, Hans Joachim: *Logischer Entwurf binärer Systeme.* 3. Berlin, DDR: Verlag Technik, 1989. – ISBN 978–3–3410–0526–2

Stichwortverzeichnis